新农村建设丛书

水果蔬菜贮藏技术

张鸣嫡　主编

吉林出版集团股份有限公司
吉林科学技术出版社

图书在版编目（CIP）数据

水果蔬菜贮藏技术 / 张鸣嘀编 . —
长春：吉林出版集团股份有限公司，2007.11（2025.1重印）
（新农村建设丛书）
ISBN 978-7-80720-876-1

Ⅰ．水... Ⅱ．张... Ⅲ．①水果-食品贮藏②蔬菜-食品贮藏 Ⅳ.
S660.9 S630.9

中国版本图书馆 CIP 数据核字（2007）第 163965 号

水果蔬菜贮藏技术
SHUIGUO SHUCAI ZHUCANG JISHU

主　　编	张鸣嘀
责任编辑	林　丽
开　　本	850mm×1168mm　1/32
字　　数	89 千
印　　张	3.75
版　　次	2007 年 11 月第 1 版
印　　次	2025 年 1 月第 13 次印刷
印　　刷	三河市元兴印务有限公司
出　　版	吉林出版集团股份有限公司 吉林科学技术出版社
发　　行	吉林出版集团股份有限公司
社　　址	吉林省长春市福祉大路 5788 号
邮　　编	130000
电　　话	0431-81629968
电子邮箱	11915286@qq.com
书　　号	ISBN 978-7-80720-876-1
定　　价	21.00 元

版权所有　翻印必究

出版说明

《新农村建设丛书》是一套针对"农家书屋""阳光工程""春风工程"专门编写的丛书,是吉林出版集团组织多家科研院所及千余位农业专家和涉农学科学者倾力打造的精品工程。

丛书内容编写突出科学性、实用性和通俗性,开本、装帧、定价强调适合农村特点,做到让农民买得起,看得懂,用得上。希望本书能够成为一套社会主义新农村建设的指导用书,成为一套指导农民增产增收、提高自身文化素质、更新观念的学习资料,成为农民的良师益友。

目　　录

第一章　概述 ………………………………………………… 1
　　第一节　果蔬的化学成分及其在采后贮藏中的变化 …… 1
　　第二节　果蔬的采后生理 ……………………………… 9
第二章　水果的贮藏技术 …………………………………… 27
　　第一节　仁果类 ………………………………………… 27
　　第二节　柑橘类 ………………………………………… 37
　　第三节　浆果类 ………………………………………… 46
　　第四节　核果类 ………………………………………… 56
　　第五节　坚果类 ………………………………………… 61
　　第六节　其他水果 ……………………………………… 68
第三章　蔬菜的贮藏技术 …………………………………… 72
　　第一节　叶菜类 ………………………………………… 72
　　第二节　根茎类 ………………………………………… 84
　　第三节　果菜类 ………………………………………… 92

第一章 概 述

第一节 果蔬的化学成分及其在采后贮藏中的变化

果蔬中含有许多化学物质，这些化学物质是人们生活所不可缺少的。采收以后的果蔬化学物质将发生很多变化，由此引起果蔬耐贮性和抗病性以及果蔬品质、营养价值的变化。因此，了解果蔬中的化学成分及其变化对于搞好果蔬贮藏以及运输具有非常重要的作用。

果蔬所含的化学成分可分为水分、矿物质、碳水化合物、有机酸、含氮化合物、维生素、色素、单宁类物质和芳香物质。这些物质有各种各样的特性，这些特性是决定果蔬本身品质的重要因素。

一、水分

新鲜果蔬中主要构成是水，一般占鲜重的 80%~90%，而西瓜、草莓、番茄、黄瓜等可达 90% 以上。水分是影响果蔬嫩度、鲜度和味道的重要成分，与果蔬的风味品质有密切关系。果蔬中的水分通常是以游离状态和胶体结合状态存在。前者以游离态分布在植物体内，具有水的所有性质，采后极易蒸发、损失，从而造成果蔬的萎蔫，降低果蔬的品质；后者是与蛋白质、多糖类和胶体结合的水，这类水不仅不蒸发，就是在高温或冷冻处理时也难以分离、排除。

果蔬含水量高，是其贮存性能差、容易变质和腐烂的重要原因之一。果蔬采收后，水分得不到补充，在贮运过程中容易因蒸腾失水而引起萎蔫、失重和失鲜，其失水程度随着环境温度的升高、湿度的降低、贮藏时间的延长而增加。

二、矿物质

矿物质是人体结构的重要组分，又是维持体液渗透压和 pH 不可缺少的物质，同时许多矿物离子还直接或间接地参与体内的生化反应。人体缺乏某些矿物元素时，会产生营养缺乏症，因此矿物质是人体不可缺少的营养物质。

矿物质在果蔬中分布极广，占果蔬干重的 1%～5%，平均值为 5%，而一些叶菜的矿物质含量可高达 10%～15%。果蔬中矿物质大多与酸结合成盐类（如磷酸盐、有机酸盐等），还有一部分参与高分子物质的构成，如蛋白质中的硫、磷和叶绿素中的镁等。由于果蔬中的矿物质在食用消化后呈碱性，可中和人体中过多的酸而能维持正常的酸碱值，有利于人体健康，因此果蔬食品在营养学中又被称为"碱性食品"。

在食品矿物质中，钙、磷、铁与健康的关系最为密切，人们通常以这 3 种元素的含量来衡量食品的矿物质营养价值。果蔬含有较多量的钙、磷、铁，尤其是某些蔬菜的含量很高，是人体所需钙、磷、铁的重要来源之一。

三、碳水化合物

果蔬的碳水化合物来源于叶绿体的光合作用，是果蔬生理代谢的营养物质（又称底物、基质）。碳水化合物在果蔬中的种类多达 40 多种，主要有糖、淀粉、纤维素、半纤维素、果胶物质等。

（一）糖

糖是反映果蔬味道的重要物质成分，它不仅能供给人体所必需的热能，也是果蔬从生长到衰老过程中变化较为明显的物质之一。一般水果含糖较为丰富，蔬菜含糖较少。大多数水果的含糖量在 7%～15%，而蔬菜含糖量大多在 5% 以下。常见果蔬糖的种类及含量见表 1—1。

表1-1 常见果蔬糖的种类及含量   单位：克/100克（鲜重）

名称	蔗糖	转化糖	总糖
苹果	1.29～2.99	7.35～11.61	8.62～14.61
梨	1.85～2.00	6.52～8.00	8.37～10.00
香蕉	7.00	10.00	17.00
草莓	1.48～1.76	5.56～7.11	7.41～8.59
桃	8.61～8.74	1.77～3.67	10.38～12.41
杏	5.45～8.45	3.00～3.45	8.45～11.90
白菜	—	—	5.00～17.00
胡萝卜	—	—	3.30～12.00
番茄	—	—	1.50～4.20
南瓜	—	—	2.50～9.00
甘蓝	—	—	1.50～4.50
西瓜	—	—	5.50～11.00

果蔬的甜味不仅与糖的含量有关，还与所含糖的种类相关，各种糖的相对甜味差异很大（表1-2）。不同果蔬所含糖的种类，及各种糖之间的比例各不相同，甜度与味感也不尽一样。一般地，仁果类中果糖含量较多，葡萄糖和蔗糖次之，核果类中蔗糖含量较多，葡萄糖、果糖次之；浆果中主要是葡萄糖和果糖；柑橘中蔗糖含量较多，占总糖量的60%以上。

表1-2 几种糖的相对甜度

名称	相对甜度	名称	相对甜度
果糖	173	木糖	40
蔗糖	100	半乳糖	32
葡萄糖	74	麦芽糖	32

果蔬甜味的强弱除了与含糖种类与含量有关外，同时还与共存的有机酸、单宁等物质有关。在评定水果口味时，常用糖酸比值来表示，糖酸比越高，甜味越浓，反之酸味增强，如红星、红玉苹果的含糖量基本相同，红玉苹果含酸量约为0.9%，而红星

苹果的酸含量在0.3%左右，故红玉苹果食之有较强的酸味。同一种类不同品种的水果，或同一品种不同成熟度的水果，其糖酸比是不同的，所以糖酸比常被用做评定果品品质好坏和成熟与否的一个指标。

果蔬在贮藏中，是以呼吸代谢形式来维持生命活动的，糖作为基质不断地被消耗，其含糖量逐渐减少。并且在高温或有机械伤害条件下，糖的消耗速度增大。因此，在贮藏时要根据不同果蔬的特征，选择适宜的贮藏条件，尽量降低糖分的消耗速度。

（二）淀粉

淀粉广泛存在于豆类、菱、薯芋类、板栗、香蕉等果蔬内。通常未成熟果实内淀粉含量较多，如香蕉绿果果肉中含淀粉20%～25%，苹果可达12%左右。随着果实的成熟，淀粉逐渐水解转变成糖，使果实变甜。

在蔬菜中，一些富含淀粉品种，如马铃薯、红薯、山药、芋头、豆类、菱、藕等的淀粉含量与其成熟度成正比。同时，这些蔬菜种类，由于是以淀粉形态作为贮藏物质的，都能保持休眠状态，所以较耐贮藏。由于淀粉在贮藏中较易转化，故应控制较低的贮藏温度。

（三）纤维素和半纤维素

纤维素和半纤维素是构成果蔬细胞壁和输导组织的主要成分，是促使植物质地坚硬的重要因素。纤维素又能与木素、栓质、角质、果胶等结合成复合纤维素。这些物质含量的多少，影响着果蔬的品质、耐藏性和耐运输性。若果蔬中纤维素含量太多，吃起来有多渣、粗老的感觉。人体虽然不能消化纤维素，但纤维素可促进肠道的蠕动和刺激肠腺分泌，以维持正常的消化功能。

（四）果胶

果胶物质是构成细胞壁的主要成分，它也是反映果蔬质地的重要物质，水果中的山楂、苹果、番石榴、柑橘等果实含量较多。果胶通常有原果胶、果胶和果胶酸3种形态。原果胶不溶于水,常与纤维素和半纤维素结合存在于细胞壁之间,质地坚硬,黏着力强。未成熟的果实内原果胶含量较多,故其果肉质地较为坚硬。随着果实的成熟,原果胶在原果胶酶的作用下,分解为溶于水的果胶,与纤维分离,从而导致细胞结合力的松弛、果肉软化。当果实进一步成熟或贮藏时间过长时,果胶在酶的作用下转变成果胶酸和甲醇。果胶酸没有黏合能力,使果实完全变成水烂状态。

需要长期贮藏或长途运输的水果和蔬菜,应适当提前采收,以保持有较多的原果胶。在贮藏中可溶性果胶含量是不断增加的,而原果胶含量是逐渐减少的,并且这种变化与果肉硬度的变化密切相关,所以可将果胶含量作为评定果蔬品质指标之一。

霉菌和细菌因能分泌出分解果胶的酶,使原果胶分解,而易使果实软化腐烂。故需要在采前或贮藏前进行适当的消毒防腐处理,以保持果实中原果胶的含量。

四、有机酸

果蔬中含有各种有机酸,因呈酸味,故是影响果蔬风味的重要因素。有机酸主要有苹果酸、枸橼酸、酒石酸、草酸等。一般地说,苹果、梨、桃、杏等以含苹果酸为主;柑橘类以含枸橼酸为主;葡萄以含酒石酸为主;蔬菜除番茄等外大多含酸量很少,感觉不出其酸味。常见果蔬中的有机酸种类见表1-3。

果蔬的酸味并不完全取决于其含酸量的多少,还与组织中pH值高低有关,pH值愈低,味愈酸。另外,酸味还与温度等因素有关,如新鲜果汁,经加热后味更酸。

果蔬中的有机酸与糖一样,也可以作为呼吸代谢的基质而逐渐被消耗。因有机酸含氧较糖多,往往首先被呼吸代谢,所以一些果实在贮藏之后品味趋甜。果蔬含酸量下降的速度,与果实的种类和贮藏条件等有密切关系。一般在适宜的低温、低氧和较高二氧化碳的贮藏条件下,可降低呼吸强度,有利于保持原有风味。

表1—3 常见果蔬中的主要有机酸种类

名称	有机酸种类	名称	有机酸种类
苹果	苹果酸	菠菜	枸橼酸、苹果酸、草酸
桃	苹果酸、枸橼酸、奎宁酸	甘蓝	枸橼酸、苹果酸、琥珀酸、草酸
梨	苹果酸、果心含枸橼酸	石刁柏	枸橼酸、苹果酸
葡萄	苹果酸、酒石酸	莴苣	枸橼酸、苹果酸、草酸
樱桃	苹果酸	甜菜叶	草酸、枸橼酸、苹果酸
柠檬	枸橼酸、苹果酸	番茄	枸橼酸、苹果酸
杏	苹果酸、枸橼酸	甜瓜	枸橼酸
菠萝	苹果酸、枸橼酸、酒石酸	甘薯	草酸

五、含氮物质

果蔬中的含氮物质主要是蛋白质,其次是氨基酸、酰胺及其某些胺盐和硝酸盐。一般蔬菜中的含氮物质含量高于水果,如豆类蛋白质含量高达 $2.5\%\sim13.5\%$、甘蓝为 $1.5\%\sim4.5\%$、葱蒜类为 $1.4\%\sim4.4\%$、绿叶菜为 $1.2\%\sim3.0\%$,而瓜果类大多为 $0.3\%\sim1.5\%$。但也有含蛋白质较丰富的果蔬,如核桃、扁桃、巴梨、鳄梨、冬菇、紫菜等可达 $11\%\sim23\%$。果蔬除了直接供给人体所需的蛋白质外,还能增进粮食中蛋白质在人体中的吸收率。在贮藏中,果蔬含氮物质,特别是氨基酸与贮藏条件密切相关。新鲜果蔬在贮藏时,常发生内部变黑等生理病害。如马铃薯在贮藏中,所含酪氨酸在酶作用下,易产生黑色素而使其内部变黑。

六、维生素

果蔬是人类食品中维生素的主要来源之一,它对人体正常的新陈代谢活动起着重要的作用。虽然人体只需微量维生素,但如果人体中缺乏某种维生素,就会影响人的健康。果蔬中含有多种维生素,特别是维生素 C,对维持人体的生理功能起着重要的作用。人类摄取的维生素 C 中 64.2%来自蔬菜,20%来自水果(表 1-4)。维生素 C 易溶于水,在酸性条件下比较稳定,在抗坏血酸酶作用下易被氧化而失去生理活性。所以通常采用低温、低氧贮藏,抑制抗坏血酸酶的活性来减少果蔬维生素 C 的损失。

表 1-4　人类维生素 C 的摄取量构成

种类	维生素 C(%)	种类	维生素 C(%)
蔬菜	64.2	薯类	7.4
水果	20.0	其他	8.4

七、色素

果蔬中含有各种不同的色素物质,表现出各种鲜艳美丽的颜色。主要有非水溶性的叶绿素、胡萝卜素等,及水溶性的花青素、花黄素等。

(一) 叶绿素

植物由于光合作用普遍存在叶绿素,在叶绿体中叶绿素常常与类胡萝卜素共存,其所占比例约为 3.5:1,故表现为黄绿色。随着果实的成熟,果蔬的衰老,叶绿素在酶的作用下,水解成叶绿醇和叶绿酸盐等水溶性物质,于是绿色渐渐消退,显出从黄到橙红的类胡萝卜素颜色。这一变化过程表现果实逐渐趋于成熟,故可将颜色的变化作为果实成熟的标志。另外,对于已黄熟的夏橙等果实,若不及时采收,由于叶绿素在分解之后又能重新合成,所以会出现返青现象。

(二) 类胡萝卜素

类胡萝卜素是胡萝卜素、叶黄素、番茄红素、辣椒红素、椒黄素的总称,常呈黄到红的颜色,但由于常常被叶绿素掩盖而显现不出来,所以水果的着色或黄化是不受日光影响的,在贮藏中,随着叶绿素的分解而逐渐变黄。

（三）花青素

花青素是果实、花等的红、蓝、紫等色的水溶性色素总称。它的形成需要糖的积累和阳光的直接照射，所以在遮阴处生长的果实着色不充分及在贮藏时不再形成红色。花青素的颜色与细胞液的酸碱性有关，即花青素在酸性环境中呈红色，在碱性环境中呈蓝色，在中性环境中呈紫色。

（四）黄酮类色素

在柑橘和白色蔬菜中存在多种黄酮类色素。它在弱酸性条件下无色，在碱性条件下呈黄色，与铁盐作用则变成绿色或紫褐色。其水溶液略带涩味或苦味，广泛分布在柑橘、洋葱、杨梅、大豆、芹菜中。

八、单宁物质

单宁属多元酚类化合物，多存在于水果中，而蔬菜中含量较少。未成熟的果实大多含有水溶性单宁，特别是柿、香蕉等因水溶性单宁含量较多，涩味重。随着果实的成熟或经人工脱涩，水溶性单宁就转变成不溶性单宁，果实就脱去了涩味。单宁与果蔬的风味、色泽有密切的关系，易氧化生成黑褐色物质，如苹果、藕、梨、柿子等切伤或经其他伤害后，与空气接触就迅速变色。这是由于单宁物质在氧化酶作用下，生成黑色醌的聚合物之故。果蔬中的单宁物质主要是缩合型单宁，多数为儿茶素的衍生物，如根皮酚儿茶酚酮、没食子儿茶素、儿茶素没食子酸等。

九、芳香物质

果蔬的香味物质大多具有挥发性，故又称为挥发性物质或芳香物质，也有人称之为精油。正是这些物质的存在赋予果蔬特定的香气和味感。果蔬的风味物质多种多样（表1-5），与其他成分相比，香味物质含量甚微，除了柑橘类果实外，其他的含量通常在百万分之几。水果的香味物质以酯类、醇类和酸类物质等为主，而蔬菜中则主要是一些含硫化合物和高级醇、醛和萜等。

表 1—5　几种果蔬的主要香味物质

名称	香味主体成分	名称	香味主体成分
苹果	乙酸戊酯	萝卜	甲硫醇、异硫氰酸烯丙酯
梨	甲酸异戊酯	叶菜类	叶醇
香蕉	乙酸戊酯、异戊酸异戊酯	花椒	天竺葵醇、香茅醇
桃	乙酸乙酯、γ—癸酸内酯	蘑菇	辛烯—1—醇
柑橘	蚁酸、乙酸、乙醇、丙酮、苯乙醇及甲酯和乙酯	蒜	二烯丙基二硫化物、甲烯丙基二硫化物、烯丙基
杏	丁酸戊酯		

　　果蔬的香味物质多在成熟时开始合成，进入完熟阶段时大量形成，产品风味也达到最佳状态，在贮藏过程中，由于芳香油的挥发和酶的分解作用而使芳香物质减少。芳香物质在贮藏库内的积累，会加速果实的成熟与衰老，不利于贮藏，所以在保鲜贮藏时，应注意定时通风换气或采用低温贮藏以降低芳香油挥发减少。

第二节　果蔬的采后生理

一、果蔬的呼吸代谢

　　果蔬采收以后，断绝了水和无机物的供应，同化作用基本停止，但仍然是活体，其主要代谢过程是呼吸作用。呼吸是在许多复杂系统的参与下，经过许多中间反应环节，把复杂的有机化合物逐步分解成较简单的物质，同时释放出能量的过程。呼吸作用一方面为果蔬的正常生理活动提供能量，另一方面消耗大量有机物质并产生大量呼吸热。由于果蔬采后呼吸作用的结果是贮存的营养物质的消耗，水分的减少，果蔬品质逐渐下降，所以，果蔬贮藏的中心问题是抑制果蔬的呼吸，以减少有机物质的损耗，保持果蔬的品质。

（一）呼吸消耗和呼吸热

呼吸作用是在酶作用下的一种缓慢的氧化过程，它把果蔬组织中复杂的有机物质（如糖分、有机酸等）分解成比较简单的物质，并释放出大量的能量。呼吸作用所消耗掉的营养物质称呼吸消耗。呼吸越旺盛，呼吸消耗就越多，果蔬风味、品质劣变也越快。从保存营养物质，减少呼吸消耗的角度来说，应尽可能地降低果蔬在贮藏中的呼吸作用。

呼吸作用所释放的能量，一部分用来维持果蔬本身的生命活动。如果正常呼吸作用受到干扰，果蔬便会产生生理病害。呼吸作用所释放的大部分能量转变为热能释放到贮藏环境中去了，这部分热能称之为呼吸热。呼吸热与果蔬保鲜有很大关系。如果在贮藏中果蔬堆积过高或通风不良，呼吸热就难于散出，于是导致贮藏温度升高，而温度升高又促进呼吸作用，使得释放的呼吸热更多，从而形成恶性循环。在放出呼吸热的同时，又会释放出大量的水汽，从而出现高温高湿的情况，导致病菌滋生繁殖、果蔬腐烂变质。因此，在贮藏中应注意降温、通风透气和排除水汽。

（二）有氧呼吸和无氧呼吸

果蔬在贮藏中的呼吸作用有两种类型：一种是有氧呼吸；一种是无氧呼吸。有氧呼吸是在 O_2 的参与下所进行的呼吸作用，结果是将糖、有机酸等基本营养物质氧化成 CO_2 和水，并释放出大量的能量。如果以葡萄糖为呼吸底物，则化学反应式可表示如下：

$$C_6H_{12}O_6 + 6O_2 \longrightarrow 6CO_2 + 6H_2O + 674 \text{kCal}$$

根据有氧呼吸的化学反应式可以看出，如果降低 O_2 浓度和增加 CO_2 浓度，则可以降低化学反应的速度，即抑制呼吸强度，事实上确是如此，这就是气调贮藏的理论基础。

当贮藏环境中 O_2 不足，就会出现无氧呼吸。糖、有机酸等营养物质被分解成不完全的氧化产物如乙醛、酒精等，同时放出

CO_2 和少量能量。按下面的反应式进行：

$$C_6H_{12}O_6 \longrightarrow 2C_2H_5OH + 2CO_2 + 24kCal$$

从反应式可见，果蔬通过无氧呼吸所获得的能量比通过有氧呼吸少得多，果蔬要维持正常的生理活动就必须消耗更多的有机物质。另外，无氧呼吸最终产物为乙醇和中间产物乙醛，这些产物在果蔬体内积累过多，会导致生理失调，使果蔬变色、变味甚至变质。因此，无氧呼吸对果蔬的贮藏保鲜十分不利，这样，贮藏期间必须注意通风，以保证一定的氧供应，避免无氧呼吸。

降低贮藏环境中的氧气浓度可有效地降低有氧呼吸，二氧化碳释放量随着减少，但是当氧气降到一定浓度时，二氧化碳的释放量不是继续下降而是相反地急速上升，这是无氧呼吸的结果。根据果蔬种类和生理状态不同，发生无氧化呼吸的氧气浓度是不同的。对一般果蔬来讲，发生无氧呼吸的氧气浓度为 $1\% \sim 5\%$，如在 20℃ 条件下，菠菜、菜豆为 1%，豌豆为 4%。因此，在贮藏过程中，应尽可能地维持适宜低的氧气浓度（对一般果蔬为 $3\% \sim 5\%$），使有氧呼吸降低到最低程度，但不激发无氧呼吸。

（三）呼吸强度和呼吸跃变

呼吸作用的强弱可以用呼吸强度来表示。呼吸强度是指在一定的温度下，每千克果蔬在一定的时间内吸入的 O_2 量或呼出的 CO_2 量。呼吸强度的大小，是关系到果蔬耐藏力大小的主要因素。在正常情况下，呼吸作用小，消耗的营养就少，耐藏性就强；反之，耐藏性就差。同一品种中呼吸强度强弱规律一般是晚熟种＜中熟种＜早熟种，所以中晚熟果往往比早熟果耐藏。

果蔬幼时呼吸强度较高，随着果蔬的成熟，呼吸作用逐渐下降。具有后熟作用的果蔬，呼吸强度在成熟前降到最低点，然后突然提高，达到高峰后，随着果蔬衰老又迅速下降，这个变化称为呼吸跃变，这类果蔬称为呼吸高峰型或跃变型果蔬，如苹果、梨、哈密瓜、芒果、香蕉、番木瓜、番茄等。另一类果蔬在成熟衰老时呼吸强度持续缓慢下降，没有呼吸跃变，称为无呼吸高峰型或无跃变型果蔬，如柑橘、荔枝、菠萝等。对于呼吸高峰型果蔬，一旦出现呼吸高峰，就表明已后熟并进入衰老阶段，耐藏力大大降低，一般不宜继续贮藏。所以，在呼吸高峰型果蔬的贮藏保鲜中，通过对贮藏环境中的各种因子加以调节和控制，以尽量延迟呼吸高峰的出现。

（四）影响呼吸作用的因素

1. 温度　对呼吸强度的影响很大，通常呼吸强度随着温度的降低而降低，因此，在贮藏过程中，应在果蔬不发生低温伤害的前提下尽量保持低温。另外，在贮藏过程中，温度波动也会引起果蔬呼吸强度的变化，而且低温下每升高或降低 1℃ 都会引起呼吸强度剧烈的变化，因此，在低温贮运时，应该注意保持稳定的温度。

2. 贮藏环境气体成分　空气中的 O_2 和 CO_2 对水果和蔬菜的呼吸作用、成熟和衰老有很大的影响。适当降低 O_2 浓度，提高 CO_2 浓度，可以抑制呼吸。对于大多数水果和蔬菜来说比较合适的 CO_2 浓度为 1%～5%，如果 CO_2 浓度过高会造成中毒，当 CO_2 浓度大于 20% 时，无氧呼吸明显地增加乙醇、乙醛物质积累，对组织产生不可逆的伤害。O_2 和 CO_2 之间有拮抗作用，CO_2 伤害可因提高 O_2 浓度而有所减轻，在较低 O_2 浓度中，CO_2 的伤害则更严重。

3. 湿度　并不像温度那样对呼吸有直接的影响。一般在干燥的情况下抑制呼吸，在过湿条件下呼吸加强。其原因是湿度不同，直接影响气孔的开启或关闭。如大白菜经预晒后，其呼吸低于未处理的鲜菜。洋葱在 40%～50% 湿度下，呼吸强度和发芽都会受到抑制。

一般的果蔬随着湿度的增加，呼吸强度增加，但是甘薯等耐湿性强的果蔬，湿度越高呼吸强度越弱，因此，甘薯应贮藏在高湿度的环境下。

4. 机械伤和病虫害　果蔬在采收、处理、包装和贮运过程中,常会遭受挤压、碰撞、割裂等损伤。遭受机械伤后,果蔬能自行进行愈伤过程,阻止病原菌的侵入,表现为受伤部位呼吸强度提高,这就是所谓的"伤呼吸"。马铃薯、甘薯切割后呼吸强度明显增加,一般甘薯切割20～24小时后呼吸开始提高,以后逐渐降低,切割面附近的呼吸强度最高,离切割面越近呼吸强度越高,切片越薄呼吸强度越大。擦伤的番茄在20℃下成熟时,可增加呼吸强度和乙烯的产生。呼吸强度的增加与擦伤的严重程度成正比。果蔬遭受病虫害的情况与机械伤类似。

5. 植物激素 在植物体内含量很低,但生理活性很强,对植物的生长发育和衰老起着重要的调节作用。生长素、细胞分裂素和赤霉素等促进植物生长类的激素,在一定浓度范围内对植物生长有促进作用。运用合理时,可降低果蔬的呼吸强度,转化为抑制细胞和器官的衰老和死亡,从而延长果蔬的贮藏寿命。乙烯对果蔬的呼吸具有强烈的促进作用,并促进果蔬的成熟与衰老。

二、乙烯的生理作用及其与果蔬成熟衰老的关系

果蔬进入成熟阶段以后,不断产生和释放乙烯,当乙烯含量达到一定水平时就启动果蔬的成熟过程,促进果蔬成熟,因此乙烯被称为"成熟激素"或"催熟激素"。应用外源乙烯可诱导果蔬产生大量的内源乙烯,从而加速果蔬后熟过程,这就是人工催熟果蔬的理论依据。

(一)乙烯促进果蔬的成熟、衰老

无论是内源乙烯还是外源乙烯都能加速果蔬的后熟、衰老和降低耐藏力,凡能控制乙烯生成的措施,都可以抑制呼吸作用和延缓果蔬的后熟。对多数呼吸高峰型果蔬来说,乙烯高峰出现的时间与呼吸高峰出现的时间一致,或在呼吸高峰之前,在果蔬呼吸跃变发生之前,尚未大量合成乙烯时,施用外源乙烯,低浓度的乙烯即可使呼吸高峰提前出现,果蔬提前后熟,呼吸跃变之后施用乙烯,则没有作用。而对非呼吸高峰型果蔬来说,在果蔬收获后的任何时候,乙烯都能促使呼吸强度上升,呼吸强度上升的

幅度随乙烯浓度的提高而增大,从而加快果蔬的后熟、衰老。

（二）抑制乙烯生成和作用的措施

抑制乙烯的生物合成和乙烯的作用,可有效地减缓果蔬采后的成熟和衰老,目前应用的方法有:

1. 改变浓度　提高二氧化碳的浓度、降低氧气的浓度。

2. 低温贮藏　在不造成果蔬冷害和冻害的前提下,尽量降低贮藏温度。

3. 避免伤害　由于机械伤、病虫害浸染都会刺激乙烯产生,因此,在果蔬的采收、分级、包装、运输和销售中都要轻拿轻放,避免损伤。

4. 施用乙烯合成抑制剂　例如AVG（氨基羟乙基乙烯基甘氨酸）、AOA（氨基氧乙酸）均可以抑制乙烯的合成。

5. 排除果蔬贮藏环境中的乙烯　最简单的方法是对果蔬贮藏库通风换气,冷藏通风贮藏库中常用这种方法来排除乙烯。但在气调贮藏的环境中,却不能随时采取通风的方式,需要使用乙烯氧化剂来脱除乙烯。目前生产上常用的乙烯氧化剂是高锰酸钾,将它配成饱和溶液,吸附在一些多孔载体上,置于气调贮藏库或塑料袋及塑料帐中,乙烯将被吸附氧化。高锰酸钾失效后会由原来的紫红色变成砖红色,应及时更换。也可以用溴化物制成乙烯氧化剂。

三、果蔬的蒸发失水

新鲜果蔬的含水量很高,可达75%～95%,这是维持果蔬正常生理活动和新鲜品质的必要条件。果蔬采后通过蒸发作用失水,水分的丧失导致果蔬质量的减少,果皮皱缩萎蔫,并且代谢失调,降低果蔬的耐藏性。

（一）失水对果蔬的影响

1. 失重和失鲜　果蔬失水引起的最明显的现象就是失重和失鲜。失重即所谓的自然损耗,包括水分和干物质的损失,但主要是水分的损失。这是果品在贮藏期中经常发生的现象,也是果蔬在贮藏中数量方面造成直接的经济损失。失鲜则是质量方面的损失，表现为果皮皱缩、萎蔫、疲软、光泽消失，失去鲜嫩的外观，导致商品价值大大降低。

2. 导致正常代谢紊乱，降低果蔬的耐贮性及抗病性　水分蒸发使组织细胞膨压降低，组织发生萎蔫，导致细胞的分布状态发生改变，从而破坏正常的生理代谢。水分的过分蒸发还会使叶绿素酶、果胶酶等水解酶的活性增强，造成果蔬干黄、变软。过度的水分蒸发作为一种胁迫还会刺激果蔬中乙烯和脱落酸的合成，从而加速果蔬的成熟衰老进程。另外，水分蒸发还可以引起果蔬抗病性降低。

（二）影响果蔬蒸发失水的因素

主要有相对湿度、温度和空气流速。影响果蔬失水的环境因素主要是空气湿度，它的影响是直接而明显的。果蔬的蒸发失水与湿度的大小成反相关，提高贮藏环境中的空气湿度，能有效地降低果蔬的蒸发作用。

空气相对湿度随温度的变化而变化，在相对稳定的贮藏库中，温度越高，相对湿度就越低；反之，则相对湿度越高。当果温与库温一致时，影响果蔬蒸发失水的决定因素就是库内的相对湿度。因此，在果品的贮藏中，保持冷库稳定的低温是非常重要的。

贮藏环境中空气的流动速度也影响果蔬的蒸发失水。因为空气流动把贴近果蔬的高湿度空气驱走，代之以湿度较低的空气，使果蔬不断地处于一个相对湿度较低的环境里，从而促使果蔬水分蒸发。流速越大，果蔬失水就越快。因此，在冷库管理中，当果温降低到库温后，应尽量降低库内的空气流速，使其能带走果蔬的呼吸热和渗入冷库的外界热就行了。

（三）减少果蔬失水的措施

1. 对贮藏库进行加湿　如用洒水、喷雾等方法提高贮藏库的相对湿度，减少水分蒸发。

2. 采用适当的包装材料　如聚乙烯薄膜袋、塑料薄膜大帐、薄膜袋或包果纸单果包装等，都可以有效地减少果蔬水分的损失。

3. 人工打蜡　采用适当的涂料也有一定的保水作用，还可增加果品的美观。

4. 保持贮温低而稳定　对于入冷库贮藏的果蔬，应尽量做好预冷工作。

四、休眠与蔬菜保鲜的关系

（一）休眠的概念

休眠是生物在完成营养生长或生殖生长以后，为度过严寒、酷暑、干旱等不良的环境，在长期的系统发育中形成的一种生命活动几乎停止的特性。如种子、芽、鳞茎、块茎类蔬菜在发育成熟后，体内积累了大量营养物质，原生质发生变化，代谢水平降低，生长停止，呼吸作用减缓，生命活动进入相对静止的状态。休眠可增加作物对不良环境的抵抗能力，人们可利用蔬菜的休眠期，创造条件延长休眠期，以达到延长蔬菜贮藏保鲜期的目的。

不同种类的蔬菜休眠期的长短不同。大蒜的休眠期为60～80天；马铃薯的休眠期为2～4个月；洋葱的休眠期为1.5～2.5个月；板栗采后有1个月的休眠期。此外，休眠期在同类蔬菜不同品种间也存在着差异。例如，我国不同品种马铃薯的休眠期可以分为4种情况，无休眠期的，如黑滨；休眠期较短的有1个月左右，如丰收白；休眠期中等的有2～2.5个月，如白头翁；休眠期长的有3个月以上，如克新1号。

（二）休眠期间的生理生化变化

蔬菜休眠可分为3个阶段。第1个阶段称作休眠前期。此阶段是从生长向休眠的过渡阶段，产品刚刚收获，代谢旺盛，进行伤口愈合，形成木栓层、膜质鳞片等。在此期间，如果条件适宜可诱发萌芽。第2个阶段叫生理休眠期，也称作深休眠或真休眠，在此阶段产品新陈代谢下降到最低水平，产品外层保护组织完全形成，水分蒸发减少，在这一时期即使有适宜的条件也不会发芽，深休眠期的长短与蔬菜种类及品种有关。第3个阶段为复苏阶段，此时产品由休眠向生长过渡，体内的大分子物质开始向小分子转化，为发芽、伸长、生长提供了物质基础，此阶段可以利用低温强迫产品休眠，延长贮藏寿命。

（三）控制休眠的方法及应用

蔬菜在休眠期一过就会萌芽，从而使产品的重量减轻，品质下降。如马铃薯的休眠期一过，不仅表面皱缩，而且产生一种生物碱（龙葵素），食用时对人体有害；洋葱、大蒜和生姜发芽后肉质会变空、变干，失去食用价值。因此必须设法控制休眠。人们常利用温度、化学药剂、气体成分和辐射处理等控制蔬菜的休眠。

1. 低温贮藏　低温可通过延长果蔬的强迫休眠期而有效延长果蔬的休眠期。例如，干燥后的大蒜在-2℃的条件下，可贮藏两年而不发芽；马铃薯在3℃下贮藏期可为5～10个月；洋葱在-1℃的条件下贮藏期可为10～12个月；板栗在-2℃下可周年贮藏而不发芽。

2. 低氧、高二氧化碳处理　高二氧化碳和低氧可延长某些果蔬的休眠期。气体成分对马铃薯的抑芽效果不明显，但是利用5%O_2和10%CO_2抑制洋葱发芽和蒜薹薹苞膨大有一定的作用。

3. 化学药剂处理　有明显的抑芽效果，最常用的是MENA（萘乙酸甲酯）。MENA具有挥发性，马铃薯经它处理后，在10℃下1年不发芽，在15℃～21℃下也可以贮藏好几个月。MENA的用量与处理时期有关，休眠初期用量要多一些，但在块茎开始发芽前处理时，用量则可大大减少。CIPC（氯苯胺灵）也是一种在采后使用的马铃薯抑芽剂，但应该在薯块愈伤后才使用，因为它会干扰愈伤。需要注意的是，上述两种药物都不能在种薯上应用，使用时应与种薯分开。

MH（青鲜素）也是一种常用的抑芽剂，但需采前使用。抑制洋葱、大蒜等鳞茎类蔬菜的萌芽时，必须将 MH 喷到洋葱或大蒜的叶子上，药剂吸收后渗透到鳞茎内的分生组织中和转移到生长点，起到抑芽作用。一般是在采前两周喷洒，药液可以从叶片表面渗透到组织中。如喷药过晚，叶子干枯，没有吸收与运转 MH 的功能；喷药过早，鳞茎还处于迅速生长过程中，MH 对鳞茎的膨大有抑制作用，会影响产量。

4. 辐射处理　对抑制马铃薯、洋葱、大蒜和生姜发芽都有效。但是，这一处理会增加马铃薯对腐烂和黑心病的敏感性，会使马铃薯热烫后易变黑，并引起洋葱内部生长点变褐。

五、果蔬采后病害与保鲜的关系

果蔬采后腐烂多由病害造成，果蔬的采后病害与田间病害一样，可分为两大类，一类由非生物因素造成的非浸染性病害，也叫生理病害；另一类是由真菌或细菌引起的浸染性病害，也叫病理病害，是贮藏病害中造成损失最大的。生理病害与浸染性病害在一定条件下可以互相影响、互相作用。生理病害为浸染性病害开辟了入侵的道路，使果蔬失去对病菌的抵抗力，容易受到病菌的浸染或诱发已经潜伏在果蔬组织中的病菌恢复活力。

（一）生理病害

生理病害不是由病原菌（致病微生物）和机械伤造成组织损伤引起的，而是由于环境条件不适，如温度、气体成分不适或生长发育期间营养不良造成的，生理失调是水果和蔬菜逆境时产生的一种反应。果蔬贮藏中最常见的生理病害有冷害、气体伤害、缺钙等。

1. 冷害　是指果蔬组织在冰点以上的不适低温下，由于生理失调而产生的伤害。冷害可导致果蔬呼吸强度异常升高，果蔬不能正常后熟，出现异味、褐变，并更易受病原菌的浸染。因此，在进行大规模贮运前，一定要预先确定果蔬的最适贮运温度，这是果蔬低温贮运中必须特别注意的问题。

（1）果蔬冷害的症状　不同果蔬产生冷害的温度及其冷害的

症状是不同的（表1－6）。果蔬冷害的主要症状可以归纳为4类：

①表面产生水浸状斑或凹陷斑　例如黄瓜、茄子、辣椒、菜豆等。

②表面变色　如香蕉、菜豆、茄子、黄秋葵等。

③内部组织发生变化　例如梨褐心，苹果褐心，桃、李、杏果内褐变等。

④产品不能正常成熟　例如绿熟的番茄、辣椒、桃、李、杏等。通常果蔬的冷害症状往往是上述类型中的一种或多种。

表1－6　果蔬冷害的临界温度及症状

品种	临界温度（℃）	症状
苹果	2～3	内部褐变，褐心，湿性崩溃，软烫伤
桃、杏、梨、油桃、李	0～4	内部褐变，果肉絮状败坏，不能正常后熟
石榴	4.5	表面凹陷，内部褐变
柠檬	11～13	果皮褐色斑，瓤囊壁和中心柱褐变
橘	3	果皮褐色斑，凹陷
鳄梨	4.5～13	果皮斑点，果肉变色，成熟不一致
香蕉（绿熟或黄熟）	11.5～13	果皮黑褐色，中心胎座硬化，不能正常后熟
菠萝	7～10	内部褐色或形成褐斑
芒果	10～13	果皮烫伤变色或有斑痕，后熟不匀
番木瓜	7	果面烫伤，不能正常后熟，腐烂
白兰瓜	7～10	果面褐斑，凹陷，腐烂
哈密瓜	2～5	果面凹陷斑，腐烂
西瓜	4～5	果面凹陷斑，果肉色浅，味淡
甜椒	7	果面凹陷斑，水浸状，种子与萼部褐变，腐烂
番茄（绿熟）	13	近脐部出现水浸状斑，腐烂，不能正常后熟
番茄（红熟）	7～10	表面水浸状斑，变软，腐烂
茄子	7	表面烫伤，凹陷，种子褐变，腐烂
黄瓜	7	表面水浸状斑，凹陷，腐烂

续表

品种	临界温度（℃）	症状
菜豆	7	表面锈斑，凹陷
西葫芦	10	表面凹陷斑，腐烂
马铃薯	3	内部花心褐变，变甜
甘薯	13	表面凹陷，内部褐变，腐烂
石刁柏	0～2	色暗，顶部软化
黄秋葵	7	表面水浸斑，凹陷，褐变，腐烂

(2) 影响冷害的因素

①果蔬本身　不同种类的果蔬对低温的敏感性不同。热带、亚热带起源的水果、果菜类、地下根茎菜类冷敏性高，一般都比较容易遭受冷害；而叶菜类的冷敏性较低。根据果蔬对冷的敏感性可将果蔬分为对冷不敏感和对冷敏感两大类。第1类包括苹果（一些品种是敏感的）、杏、黑莓、樱桃、葡萄、猕猴桃、油桃（有些品种对冷敏感）、桃（有些品种对冷敏感）、梨、李、草莓、甜菜、甘蓝、芹菜、花椰菜、莴苣、苦苣、蘑菇、洋葱、胡萝卜、菠菜、豌豆等；第2类包括鳄梨、香蕉、杨桃、柑橘、荔枝、芒果、菠萝、黄瓜、茄子、辣椒、西红柿、西葫芦、西瓜、山药、南瓜等。

②温度　温度是影响果蔬冷害的主要因素。在冷害临界温度以下贮藏时，温度高低和持续时间的长短是果蔬是否遭受冷害和冷害严重与否的决定因素。一般而言，在诱发冷害的温度范围内，温度越低，或低温持续时间越长，则遭受冷害的程度越严重。冷害与湿度也有关系，因为失水被认为是冷害症状之一。在同一致冷害温度下，湿度越高，则果蔬冷害的程度越轻。接近100%的相对湿度可使许多果蔬的冷害减少，但必须使用有效的杀菌剂以减少病原菌引起的腐烂。

(3) 减轻冷害的措施

①适温贮藏　各种果蔬的冷害临界温度不同，低于临界温

度，就会有冷害症状出现。果蔬的冷害温度随品种的不同，从1℃到15℃，差异很大，因此，在贮运前应预先确定果蔬的最适贮运温度。

②调节温度和低温锻炼　在果蔬低温贮运前，预先用稍高于冷害临界温度的低温处理，可减轻以后的冷害症状。有些果蔬在冷害临界温度以下，经过短时间的锻炼，然后置于较高的贮藏温度中，也可以防止或减轻冷害。这种短期低温能够有效地防止菠萝黑心病、桃和李子果肉的褐变。

③间歇升温　用一次或多次短期升温处理可以中断低温对果蔬的冷害。苹果、柑橘、黄瓜、桃、油桃、李、番茄、甘薯、黄秋葵贮藏中，用中间升温的方法可增加对冷害的抗性和延长贮藏寿命，如将苹果在0℃贮藏51天后，在18.8℃下放置5天，再转入0℃下继续贮藏30～50天，其冷害远远低于一直在0℃下贮藏的果实。

④逐步降温贮藏　果蔬在冷藏过程中逐步降低贮藏温度，增加果蔬对低温的忍耐力，也可减轻冷害症状。如通过逐步降温贮藏可大大减少鸭梨的黑心病（冷害）。

⑤药剂处理　有些化学药剂对减轻果蔬的冷害有效，如用1%～7.5%的氯化钙溶液对果蔬进行浸泡或真空渗入处理，可减少果蔬的冷害。一些生长调节剂也会影响果蔬组织对冷害的抗性，如用ABA（脱落酸）进行预处理可以减轻葡萄柚、南瓜的冷害。

2. 气体伤害　低氧和高二氧化碳能够抑制果蔬的呼吸代谢、乙烯合成和生理作用，延长果蔬的贮藏寿命，这是气调贮藏的原理所在。但是，如果气体成分不当，将会造成果蔬伤害的发生，这种伤害被称为气体伤害。气体伤害主要是破坏了果蔬的正常呼吸代谢，在细胞中积累有害物质及破坏细胞膜的完整性。在生产中，气体伤害在贮藏中所造成的经济损失比由病原菌所引起的腐烂或其他伤害威胁性更大，因为一旦果蔬发生气体伤害，将导致贮藏库中大部分或者整库果蔬的伤害，特别是大型气调库危险性更大，因此，在贮藏过程中一定要注意合理应用气体成分。

不同种类、品种、产地的果蔬对气体的适应性不同,这与果蔬本身的生理生化条件有关。例如大樱桃、草莓、蒜薹、金帅苹果、红星苹果、韭薹等都是耐二氧化碳的果蔬,有的甚至能忍耐20%的二氧化碳;又如蒜薹、苹果、草莓、桃较耐低氧。

果蔬发生低氧伤害的主要症状,是果蔬表皮组织局部塌陷、褐变、软化、不能正常成熟、产生酒精味和异味,如苹果低氧的外部伤害为果皮上呈现界线明显的褐色斑,由小条状向整个果面发展,褐色的深度取决于苹果的底色。低氧的内部伤害是褐色软木斑和形成空洞,有内部损伤的地方有时与外部伤害相邻,有内部损伤的地方常常发生腐烂,但总是保持一定的轮廓。此外,低氧症状还包括酒精损伤,果皮有时形成白色或紫色斑块。孢子甘蓝在 2.5℃和浓度为 0.5%的 O_2 中两周,心叶变成铁锈色,煮熟后有一种特殊苦味。甘蓝在上述条件下,分生组织褐变。花椰菜在 5℃和 0.5%的 O_2 下贮藏 8 天,然后在 10℃下贮藏 3 天,会出现低氧伤害,块状花序凹陷,小花呈浅褐色,当伤害不严重时,只有在煮熟后才表现出症状。亚洲梨在 0℃和浓度为 1%的 O_2 下 4 个月,表皮会出现青铜色凹陷;鸭梨或慈梨在 0℃和浓度为 1%的 O_2 下 30 天或浓度为 2%的 O_2 下 50 天可引起果肉褐变。

高 CO_2 伤害的症状与低氧伤害相似,主要表现为果蔬表面或内部组织或两者都发生褐变,出现褐斑、凹陷或组织脱水萎蔫甚至形成空腔,如苹果果心发红,苹果和梨的褐心等。鸭梨、莱阳梨等白梨系统的梨对 CO_2 非常敏感,贮藏过程中 CO_2 超过 1%时,会增加果蔬的黑心病发生率。CO_2 伤害往往伴随着果蔬绿色的加深,这会给人们造成保鲜效果好的假象,例如 CO_2 伤害的莱阳梨表皮非常绿,蒜薹在贮藏过程中 CO_2 伤害初期比正常情况显得格外绿。CO_2 伤害不仅与 O_2、CO_2 的浓度、果蔬的种类有关,而且与果蔬贮藏的环境温度、湿度、贮藏时间、果蔬的成熟度等诸多因素有关。

3. **缺钙生理病害** 钙可以抑制果蔬的呼吸作用和其他代谢过

程。钙与细胞中的果胶物质结合在一起，形成果胶酸钙。果胶酸钙与细胞膜的稳定性有关，所以加钙能够抑制果蔬的软化，保护果蔬细胞膜结构的稳定性，减少逆境对细胞的伤害。

不同的果蔬缺钙所表现的症状不同，见表1-7。

果蔬缺钙主要是由于果蔬在其生长过程中，土壤可利用的钙不足或果蔬吸收钙的能力偏低造成的。目前为了防止果蔬缺钙，在生产上通常采用的两种方法为：

(1) 喷钙处理 采前15天，每隔7天对果蔬进行喷钙处理，常用0.5%~1%的氯化钙，也可用硝酸钙，但要注意有些果蔬易发生硝酸钙中毒。

表1-7 常见果蔬缺钙症状

种类	症状	种类	症状
苹果	苦痘、皮孔斑点、皮孔崩溃、内部崩溃开裂、水心、红玉斑点	芹菜	黑心
梨	木栓点	莴苣	叶片尖枯
樱桃	开裂	菜豆	胚轴坏死
大白菜	内部叶片尖枯（干烧心）	胡萝卜	空心、斑点、开裂
甘蓝	叶片尖枯	甜椒	脐腐或花端腐
番茄	脐腐或花端腐		

(2) 浸钙处理 采后浸钙也是较常用的一种方法。浸钙的方法有常压浸钙和真空浸钙。常压浸钙是果蔬采后直接浸入1%~2%的氯化钙溶液中，苹果应用此法可有效防止贮藏过程中虎皮病的发生；真空浸钙，钙的吸收率高，效果好于常压浸钙。但是采后浸钙只适合于对水不敏感的果蔬，采后遇水易腐烂，果蔬不适合于此法。

(二) 浸染性病害

浸染性病害是由病原菌浸染引起的，是贮运病害中造成损失最大的。由于果蔬的收获期集中在高温、高湿季节，有利于微生物的繁殖和侵害，果蔬容易衰老腐烂。此外，果蔬在田间生长期间就已普遍遭受多种真菌的潜伏浸染，在果蔬表皮内部以休眠状态存在。在果蔬采收时仍未表现症状，但一旦果蔬成熟或贮运环境不适宜就会表现出病害症状，造成果蔬的严重腐烂变质。

1. 病原菌的来源　果蔬贮运期间的病原菌主要来源于：田间无明显症状，但实际上已被病原菌浸染的部分果蔬；果蔬表面携带有病原菌或带菌污物；处理、挑选、分级过程中引起的人为污染；广泛分布于贮藏库及工具上的病原菌。

2. 影响发病的重要因素　浸染性病害的发生是果蔬产品和病原菌在一定的环境条件下相互斗争，最后导致果蔬产品发病的过程，并经过进一步的发展而使病害扩大和蔓延。病害的发生与发展主要受 3 个因素的影响或制约，即病原菌、果蔬产品本身和环境条件。当病原菌的致病力强，果蔬产品的抵抗力弱，而环境条件又有利于病菌生长、繁殖和致病时，病害就严重；反之，病害就受抑制。因此，了解病害发生发展的各个环节，深入分析病原菌、寄主和环境条件 3 个因素在各个环节中的相互作用，才能制定有效的防治方法。

(1) 病原菌　引起果蔬产品采后腐烂的病原菌（真菌和细菌）属于异养生物，它们自己不能制造营养物质，必须依赖自养生物供给现成的有机化合物来生活。根据异养生物获得营养物质的方式可分为腐生和寄生两种，营腐生生活的称为腐生物，营寄生生活的称为寄生物。寄生物有从其他生物的活体内取得营养的寄生能力，必然对寄主产生不良影响，因此病原菌一般是寄生物。所谓的致病性就是指病原菌对寄主组织的破坏和毒害的能力，也称为致病力或病毒性。

根据病原菌对寄主的寄生能力，又分为专性寄生物和非专性寄生物两大类。专性寄生物的寄生能力很强，只能从活的寄主细胞中获得养分，当寄主细胞和组织死亡后，病原物也停止生长和发育，这类病原菌主要包括了病毒、部分真菌（如霜霉菌、白粉菌和锈菌)、寄生性种子植物和大部分植物病原线虫。非专性寄生物既能营寄生生活,也能营腐生生活,而且它们寄生性的强弱有很大差别,引起果蔬产品采后腐烂的主要病原菌都属于这一类寄生物,如引起柑橘腐烂的青霉菌、绿霉菌的寄生性极弱,一般营腐生生活,当果实成熟并具有伤口的情况下才能侵入,引起果实发病腐烂。

(2) 果蔬产品的抗性　植物对病菌进攻的抵抗能力叫抗病性或忍耐力,植物的抗病性与品种种类、自身的组织结构和生理代谢有关。采后果蔬产品的抗性主要与成熟度、伤口和生理病害等因素有关。一般来说,没有成熟的果实有较强的抗病性,如未成熟的苹果不会感染焦腐病和疫病,但随着果实成熟度增加,感病性也增强。伤口是病菌侵入果蔬产品的主要门户,有伤的产品极易感病。果实产生生理病害(冷害、冻害、低氧或高 CO_2 伤害)后对病菌的抵抗力降低,也易感病,发生腐烂。

(3) 环境条件　影响采后果蔬产品发病的环境条件主要有温度、湿度和气体成分。

①温度　病菌孢子的萌发力和致病力与温度极为相关,病菌生长的最适温度一般为 20℃~25℃,过高、过低对病菌都有抑制作用。在病菌与寄主的对抗中,温度对病害的发生起着重要的调控作用。一方面温度要影响病菌的生长、繁殖和致病力;另一方面也影响寄主的生理、代谢和抗病性,从而制约病害的发生与发展。一般而言,较高的温度加速果实衰老,降低果实对病害的抵抗力,有利于病菌孢子的萌发和浸染,从而加重发病;相反,较低的温度能延缓果实衰老,保持果实抗性,抑制病菌孢子的萌发与浸染。因此,贮藏温度的选择一般以不引起果实产生冷害的最低温度为宜,这样能最大限度地抑制病害发生。

②湿度　湿度也是影响发病的重要环境因子,如果温度适宜,较高的湿度将有利于病菌孢子的萌发和浸染。尽管在贮藏库里的相对湿度达不到饱和,但贮藏的果品上常有结露,这是因为

当果品的表面温度降低到库内露点湿度以下时,果实表面就形成了自由水。在这种高湿度的情况下,许多病菌的孢子就能快速萌发,直接侵入果实引起发病。要减少果蔬产品表面结露,应充分预冷。

③气体成分　低氧和高 CO_2 对病菌的生长有明显的抑制作用。果实和病菌的正常呼吸都需要 O_2,当空气中的 O_2 浓度降到 5% 或以下时,对抑制果实呼吸,保持果实品质和抗性非常有用。空气中 2% O_2 对灰霉病、褐腐病和青霉病等病菌的生长有明显的抑制作用。高 CO_2 浓度(10%~20% CO_2)对许多采后病菌的抑制作用也非常明显,当 CO_2 浓度大于 25% 时,病菌的生长完全停止。由于果蔬产品在高 CO_2 浓度下存放时间过长要产生毒害,因此一般采用高 CO_2 浓度短期处理以减少毒害发生。另外,果实呼吸代谢产生的挥发性物质(乙醛等)对病菌的生长也有一定的抑制作用。

第二章 水果的贮藏技术

果品种类繁多,生长发育特性各异,其中很多特性都与采后成熟衰老变化密切相关,因而对贮藏产生一定的影响。要搞好果品的贮藏保鲜,首先要根据各种果品的生物学特性,选择优良的品种给予适宜的栽培条件,以获得优质、耐藏的产品;其次是搞好采收、运输、商品化处理以及贮藏管理等各项工作,才能取得延缓衰老、降低损耗、保证质量的效果。

第一节 仁 果 类

仁果类是包括苹果和梨在内的一大类果品,其中苹果和梨是我国栽培较重要的落叶果树,栽培历史悠久,分布范围广泛,其面积和产量均居世界第1位。2002年,我国苹果栽培面积和产量分别占世界总面积和总产量的43.9%和35.4%;梨栽培面积和产量分别占世界总面积和总产量的67.3%和53.2%。由于苹果和梨的贮藏性能比较好,加之以鲜销为主,所以是周年供应的主要果品。

一、苹果

苹果是我国北方的重要水果之一,栽培品种很多,产量很高。苹果很耐贮藏,苹果收获后,部分立即上市,大部分贮藏起来留在冬春季陆续上市。近年来,随着苹果生产的发展,苹果的贮藏量日益增多,贮藏技术和设施也在不断改进。目前,沟藏、窖藏等简易贮藏和通风库贮藏、机械冷藏、气调贮藏等方法在各地生产实践中起了很大的作用。

(一) 品种及贮藏特性

不同品种的苹果耐贮藏性差异很大,早熟品种如黄魁、红魁、祝光、丹顶等不耐贮藏,应在采收后立即供应市场或短期冷藏。中晚熟品种,如红玉、金冠、元帅、红星等比较耐贮藏,但贮藏条件不好时也不能作长期贮藏,使用机械冷藏和气调贮藏则可以贮藏到次年 1～3 月份。晚熟品种如国光、青香蕉、秦冠、印度、富士等耐藏性好,可贮藏到次年 4～5 月份,其中富士和国光可贮藏到次年 5～6 月份。

苹果的采收期对贮藏质量影响很大。采收太早,果实外观色泽、风味都不好,还容易发生虎皮病、苦痘病、褐心病、二氧化碳伤害和失水萎蔫等;采收太晚,在贮藏中果实容易衰老,果肉发绵、褐变,发生斑点病、水心病、果肉湿褐病和腐烂。一般用于鲜销的苹果,应选择成熟度较高的、上色较好的。作短期贮藏或冷藏的可以稍晚几天采收,贮藏期较长或用于气调贮藏的果实可提早几天采收。红玉苹果不能晚采收。苹果采收时要轻拿轻放,避免碰伤和擦伤,采收最好在早晚进行,避免在雨天收获,不然容易引起果实腐烂。

(二) 贮藏条件

大多数苹果品种适宜的贮藏温度为 $-1℃～0℃$,有的品种为 $2℃～4℃$,相对湿度为 90% 左右。气调贮藏的温度一般比冷藏的高 $0.5℃～1℃$,气体成分中一般 O_2 为 2%～5%、CO_2 为 3%～5%,不同品种、不同年份和地区栽培的苹果对环境条件的要求会有所差异。

在不产生低温伤害的前提下,苹果的贮藏寿命随着温度的降低而延长,低温还可以抑制虎皮病、苦痘病以及衰老褐变等生理病害的发生,但是贮藏温度不能过低,否则会引起冻害或生理失调。苹果在较高的相对湿度下,果实水分蒸发会大大减少,因此降低自然损耗,使果实保持新鲜饱满状态;相对湿度较低时会增加低温伤害和衰老褐变的发展,加重微生物浸染引起的病害,增加腐烂损失。

苹果冷藏、气调贮藏的效果好,可以进一步延长苹果的贮藏寿命,但是在采用气调贮藏时,气体成分中 O_2 和 CO_2 的配比要求因品种而异。苹果在贮藏过程中产生的乙烯气体会加速苹果后熟,应该设法脱除或通风排除。

(三) 贮藏方法

1. 冷藏　是使用最为普遍的贮藏方式,用于冷藏的苹果采后要立即预冷。苹果的预冷可以在专门的预冷间内进行,也可以在贮藏苹果的冷库内进行。在入库前,库房和所用包装容器要消毒。苹果入库前先将冷库制冷,使库温降到0℃。如果在冷库中预冷,每次入库的苹果不宜过多,占库容量的10%为宜。苹果的堆码要注意箱间和垛间以及垛周围便于空气流通。贮藏期间要定时检测库内的温度和湿度并及时调控,湿度过低时可以人工加湿;适当通风,排除不良气体;及时冲霜,维持库温的恒定。苹果出库前要逐步升温,否则苹果上会有凝结水,使果皮颜色发暗,硬度下降,加速腐烂。升温可以在升温间或冷库的穿堂内进行,升温速度以每次高于果温2℃~4℃为宜,相对湿度在75%~80%为好,当果温升到与外界相差4℃~5℃时即可出库。

2. 冷藏气调贮藏　气调贮藏的苹果必须适当早采并要严格进行挑选,选用无病虫害、无机械损伤的苹果,气调前先预冷到适温。气调贮藏可在气调贮藏库内进行,也可以在冷库中用塑料大帐或塑料薄膜袋进行。甚至在土窑洞或自然通风库内也可以进行简易气调贮藏。

(1) 硅窗气调帐贮藏　就是在塑料薄膜帐上镶嵌一定面积的硅橡胶薄膜,做成一个透气窗(硅窗),利用硅窗对二氧化碳和氧气的透气系数远比塑料薄膜大的特性,起到自动调节贮藏环境中气体成分的作用。硅窗的面积大小要根据具体情况而定,1吨苹果在0℃~5℃、3%~5% O_2 和3%~5% CO_2 条件下,一般所需硅窗面积为0.3~0.6平方米。如果不能准确计算,可多安几个硅窗,根据需要开启。

(2) 塑料薄膜大帐气调贮藏　在冷库或通风库内,用塑料薄膜帐把苹果贮藏垛密封起来,造成1个简易的气密室,塑料薄膜帐一般是用0.1～0.2毫米厚的聚乙烯黏合成大帐子,容量可根据需要而定。封帐时,先在帐底铺上整片同样的塑料薄膜,上面放枕木后砖块作为垫衬,将预冷过的苹果装箱后,码成垛,然后用塑料帐子罩上苹果垛,最后将帐底与帐壁四周的下边缘紧紧地卷在一起,埋入预先挖好的小沟内,用土压紧,或用砖块将卷边压紧。

帐内的气调方式可分为快速降氧和自发气调两种,采用快速降氧时,先用抽气机将帐内的气体抽出一部分,使帐子的四壁紧贴在果筐上,然后用制氮机或氮钢瓶作为氮源,将氮气通过充气口充入塑料薄膜帐内,使帐子鼓起来。如此反复多次,可使帐内的O_2迅速降下来。充气期间,要不断测定帐内的O_2和CO_2浓度,以便准确控制帐内的气体成分。贮藏期间应每天取气分析帐内的O_2和CO_2浓度,当O_2浓度过低时,要向帐内补充空气;CO_2浓度过高时要设法消除,目前使用较多的方法是用硝石灰来吸收CO_2,通常放在帐子底部四角的袖形袋中,用量为0.5～1千克/100千克,一旦硝石灰失效,再补充。

(3) 气调贮藏库　是商业上大规模气调贮藏苹果的较好方式,要求必须掌握不同苹果品种所需要的气体成分,并通过气调保证库内所需要的气体成分及准确控制温度、湿度。冷藏气调库贮藏苹果的时间长、品质好,但设备造价较高,操作管理技术也比较复杂。

(4) 塑料袋小包装或硅窗袋自发气调贮藏　选用0.06～0.08毫米厚的聚乙烯薄膜袋,衬在果筐或箱中,装入苹果,一般110厘米×70厘米的袋子可装20～25千克,然后扎紧袋口,靠苹果自身的呼吸作用降低O_2含量,提高CO_2含量。贮藏过程中,当气体成分不合适时,要开袋通风换气。如果使用的是硅窗袋,则不必开袋,因为硅窗能够起到调节气体的作用。

苹果除了上述贮藏方法以外,还可以用沟藏、通风贮藏库或窑窖贮藏,但是必须在冬春季有外界低温的地方才能使用,而且贮藏的时间较短,品质也稍差。

(四) 主要贮藏病害及防治措施

1. 生理性病害

(1) CO_2 和缺氧伤害　苹果气调贮藏中,如果气体控制不当,CO_2 浓度过高、O_2 浓度过低时,伤害表现为果肉或果心呈现小块褐斑,病部最后会形成空洞或在果皮上产生不规则的褐色斑块,果实硬度不变,但有浓烈的乙醇味。引起苹果发生伤害的 O_2 和 CO_2 浓度的临界值随品种不同而异。金冠和元帅苹果贮藏前可耐高 CO_2 处理,保鲜效果很好,但富士苹果却很容易发生 CO_2 伤害。因此,气调贮藏一定要严格监测贮藏环境中气体组分的变化,将气体指标控制在适宜的范围内,一般 O_2 不低于 1%,CO_2 不高于 10% 为宜。

(2) 苦痘病　又名苦陷病,是苹果贮藏前期发生的一种生理病害。国光、元帅、金冠、富士、青香蕉等品种较易发病。发病初期,果皮下的浅层果肉细胞发生褐变,果面出现轻微凹陷。颜色较暗的圆斑,斑下的果肉坏死干缩呈海绵状,味微苦。随着病害的发展,果面病斑显著凹陷,颜色加深,病斑颜色因苹果品种而异。目前,一般认为苦痘病是一种缺钙生理病害,与果实中的氮、钙含量及氮钙比有关(当果实中的氮钙比大于 10,甚至达到 30 时,则发病严重)。采前喷洒 $0.5\% CaCl_2$ 液或 0.8% $Ca(NO_3)_2$,或采后用 $3\% \sim 5\% CaCl_2$ 溶液真空浸渍果实,适当降低贮藏温度,则有利于减少苦痘病的发生。

(3) 虎皮病　又名褐烫病,是苹果贮藏期间最主要的生理病害,大多数苹果品种都易感此病。症状多发生在果皮不着色的部位,病部呈褐色、不规则的微凹陷状,严重时病斑连成片,如烫伤状。采收过早、成熟度较低是虎皮病发生的主要原因。要防治苹果的虎皮病，首先要适当晚采收。气调贮藏也可有效地减轻虎皮病。用0.25%～0.35%的乙氧基喹药液浸果，用喷有二苯胺的药纸包果或石蜡油纸包果都有较好的防治效果。

（4）水心病 又称蜜果病。发病一般先从果心部的果肉开始，逐渐向果面扩展。初发病时病果外观正常，只有当病部发展到接近果皮时，才可以从外表看出症状。病果果肉呈半透明水渍状，味极甜。水心病的发病是由于果实中山梨糖醇代谢失调造成的，发病多从果心部开始。当果实采收之前就可以产生水心病，并非一种采后病害，但因为它能导致果实腐烂，因而能影响贮藏寿命。

①控制田间栽培技术措施 因为水心病在采前就已经出现，所以在栽培环节上，从控制修剪、灌溉、施肥等综合措施入手，减轻水心病的出现是至关重要的。

②适当早采收 水心病的严重程度与果实成熟度成正比。供贮果实应在水心病发病之前采收。

2. 微生物浸染病害

（1）青霉病 是苹果贮藏中最常见的、危害最严重的病害之一。发病部位先局部腐烂，极湿软，表面呈黄白色，条件适合时发展迅速，发病10天后全果腐烂，并有特殊的霉味。在潮湿空气中病斑表面生青绿色霉菌。青霉病主要从伤口浸染发病，因此要避免机械伤，挑出带伤的果子。贮藏环境也要做好清洁卫生工作，有适当的防腐剂处理和低温对发病也有一定的控制作用。

（2）褐腐病 多发生在苹果生长后期和采收以后，首先是果面出现浅褐色软腐状小斑，随后迅速向四周扩散，使全果腐烂，但表面仍保持饱满状态，并有一定弹性。果面可生出同心圆排列的灰白色菌落。

褐腐病由果实的皮孔和伤口两种形式侵入，但发病的时间多在8～9月份，并有潜伏浸染的能力，因此在防治上应注意采前、采后相结合的方法。采前在病菌浸染时喷布化学药物防治，保护果实，可使用的药物有波尔多液（1∶100）、甲基托布津（50%的 800 倍）、苯莱特（50%的 1000 倍）。注意减少采收、包装和运输中的磕压碰伤，预防再浸染。

（3）炭疽病　又名苦腐病，是苹果生长期和贮藏期的重要病害。初发病时果面出现淡褐色圆斑，逐渐扩大，果肉随后软腐下陷，病斑表面颜色深浅交错，具明显的同心轮纹。病斑直径扩大至 1 厘米时，在中心出现隆起的小粒点，初为褐色，渐变黑色。此病在高温高湿多雨条件下容易传播发展。病菌孢子发芽后可自皮孔或角质层侵入果肉，条件适宜时很快。苹果炭疽病浸染时期在幼果期，而潜伏期又很长（有的长达 2～3 个月），因此在防治上应注意两个时期。

①认真做好果实生长期的化学防治，常用的化学药物有波尔多液、退菌特、多菌灵、灭菌丹等；

②采前 3～5 天喷洒 15% 特克多（TBZ）500 倍液，采后严格挑选、剔除病果，入库时及时预冷，并将库温降至 0℃ 左右。应用气调或变动气调贮藏，可有效防治此病的大量危害。

（4）轮纹病　发病初期以皮孔为中心在果皮上发生褐斑，以后逐渐扩大，有同心轮纹，果肉腐烂，表面呈暗红褐色，但果皮不凹陷。贮藏时挑选无病伤果，贮藏中保持恒定低温可防止此病。

二、梨

梨是我国北方主产水果之一，栽培量仅次于苹果。由于梨具有丰富的营养价值和理疗价值而深受消费者的喜爱。梨比较耐贮藏，但在贮运过程中易发生失水皱缩、褐变及腐烂等现象，影响了梨的出口和长期贮藏，因此搞好梨的贮藏是非常重要的。

（一）品种及贮藏特性

梨的品种不同，耐藏性差异较大，有些品种如巴梨、茄梨、子母梨等果实，成熟后果肉易软化，这些品种在自然低温下不能久存，只有在冷藏条件下才能较长期贮藏。河北的鸭梨、雪花梨，辽宁的秋白梨，山东的长把梨，吉林延边的苹果梨，山西的油梨和黄梨等都是较耐贮藏的品种。还有一些梨，采收时果肉酸涩粗糙，必须经过长期贮藏，品质改进后才能食用，如河北及辽宁的安梨和红宵梨，这些梨极耐贮藏。

梨的适时采收期为种子颜色由尖部变褐到花子，果皮颜色黄略具绿色或绿中带黄，当有80%的果实达到上述标准时，即可采收。梨品种不同采收期各异，一般采收较早的，贮藏后腐烂损失较少，采收较晚的，贮藏中易产生生理病害和增加腐烂率。

（二）贮藏条件

梨贮藏的适宜温度为0℃~1℃，温度过高或者过低，均会给贮藏带来不利的影响。在贮藏期间，应保持较为恒定的低温，如果温度高低波动过大和过于频繁，会使果实的呼吸加强，促进新陈代谢过程。但是，有些品种如鸭梨等对低温比较敏感，采收后立即贮藏在0℃下易发生冷害，故需要经过缓慢降温后，再维持其适宜低温。

相对于苹果而言，梨大多数品种的水分含量高，果皮粗且皮孔发达，果面缺少保护物质，因而贮藏中易蒸腾失水。虽然其萎蔫状态不像苹果等那样明显表现出皱皮，但其重量的损失却是显而易见的，失水严重时果肉组织出现空腔。冷藏条件下，梨贮藏的适宜相对湿度为90%~95%。普通仓库贮藏时空气湿度要稍低一些，保持在85%~90%为宜。

除洋梨外，绝大多数梨品种不如苹果那样适于气调贮藏，它们对高CO_2和低浓度O_2特别敏感，多数梨品种当CO_2超过1%时，便会发生生理病变，如鸭梨的黑心病。洋梨和秋子梨系统的品种，乙烯释放量比较大；而白梨和砂梨系统的品种，内源乙烯的生成量则很少。降低温度和采用气调贮藏，能有效地抑制洋梨内源乙烯的发生和果实的后熟。

（三）贮藏方法

1. 冷藏　目前梨的冷藏发展非常迅速，冷藏量也在逐年增加。需要注意的是鸭梨、酥梨等品种对低温比较敏感，冷藏时要注意采用缓慢降温措施,降温过快会引起黑心、黑皮或者二者同时发生的生理病害。梨开始入库时库温保持在 10℃～12℃,1 周后每 5～7 天降 1℃,以后改为每 3 天降 1℃,在 35～40 天内将库温降到 0℃,并保持 0℃,不要低于 －1℃,鸭梨可贮藏 8 个月,好果率达 80％以上。

2. 窖藏　在梨产地多用窖藏,将适时采收的梨,分等分级,剔除病伤果,用纸单果包装后装入纸箱或筐中,也可不包纸直接放入铺有软草的筐中。由于梨采收时温度尚高,一般不直接入窖,而是先在窖外背阴处预贮降温,预贮时白天要在货堆上遮阴覆盖,防止曝晒,晚上打开覆盖物放风,使梨降温。当果温和窖温都接近 0℃时,即可入窖。梨在窖中堆码时要注意堆间、箱间及堆的四周都要留有通风间隙。产品入库前期主要管理工作是控制通风,导入库外冷凉空气、排除库内热空气,降低库内温度,促使产品尽快降温,必要时还可打开库门增加空气流量。中期则以防冻保温为主,这一时期的管理要特别注意防寒保温,只能在白天或中午库外气温高于冻结温度时,打开出气口来适当的通风换气。当春季来临时,库内已难维持低温条件时,再开启进出气口,引入冷空气调节库内温度,通风时间仍在外温低于库内温度时进行。当外界气温进一步升高,夜间温度也难以调节适宜的贮藏低温时,应当及时将产品出库销售。

3. 气调贮藏　梨的气调贮藏可采用 12％～13％O_2 和 1％以下的 CO_2,但要控制 CO_2 的累积,过高会导致果肉或果心褐变。

(四) 主要贮藏病害及防治措施

1. 生理病害

(1) 梨黑心病　黑心病是一种生理病害,症状是果心和果肉发生褐变,主要在中国梨品种上发生(如鸭梨、酥梨等)。黑心病病因比较复杂,归纳起来主要有 4 种:一是冷害,二是缺素(钙素过低),三是果实衰老,四是贮藏环境中气体成分不适宜。根据病害的发生时期,可分为前期黑心病和后期黑心病两种,前期黑心病是由于降温过快而造成的低温伤害,后期黑心病是贮藏后期由于果实衰老引起的。0℃低温引起的黑心多发生在入贮30～50天,果心发生不同程度的褐变,但果肉仍为白色,果皮保持青绿或黄绿色,不影响梨的外观。由果实衰老引起的黑心病多在贮藏到次年2～3月份发生,果心变褐,果皮色泽暗黄,果肉组织松散,严重时部分果肉也变褐,并有酒精味。

黑心病的防治方法有:

①施用生长调节剂　花开后第2周、第4周、第6周及采前20天、10天喷0.3%硝酸钙,也可于7～8月份喷1次500毫克/千克增甘磷,可明显减轻发病。田间喷布B_9、赤霉素或萘乙酸等生长调节剂,有减少黑心病的趋势。

②控制果实成熟度　适当提早采收,有利于防止黑心病。

③采后逐步降温及时入库。

(2) CO_2伤害　鸭梨对高CO_2敏感,当CO_2含量超过1%时就会发生CO_2伤害,鸭梨会发生黑心或果肉空洞。

2. 浸染性病害　梨的许多种浸染性病害与苹果是共患的,其病症、病原菌、发病规律及预防措施等与苹果基本相同或相似。这类病害有褐腐病、炭疽病、轮纹病、青霉病和绿霉病等,对其识别与防治可参考苹果的相应病害。梨采收后还易发生黑斑病和黑星病。

(1) 梨黑斑病　在我国南、北梨区均有发生,发病后会引起大量裂果和早期落果。发病期主要在幼果至采摘期,果实上的病斑在贮运期间继续扩大发展。除果实外,病菌还为害叶及新梢。病菌孢子萌发后,经由果面皮孔、气孔、裂纹等孔道侵入,或者直接穿透寄主表皮入侵,6～7月为发病盛期。贮运期间的病果,大多是田间浸染较晚、症状不明显或尚未发病的果实混入,在贮运过程中症状逐渐发展而显现。病菌可接触传染,伤果易被浸染。

防治黑斑病可采用药剂浸果:对采收后仍可发病的果实,用内吸性杀菌剂处理果实,如50%扑海因1500倍液浸果10分钟,15%TBZ500倍液浸果。低温贮藏(0℃~5℃)也可以抑制黑斑病的发展。

(2) 梨黑星病 又名疮痂病,在我国梨区普遍发生。果实发病期在5月下旬至9月中旬。幼果受害后不能长大而早落;较大的果实受害后,因病部木质化,停止生长而成畸形果;接近成熟的果实被害时,果面上仅呈现略微凹陷的失绿小圆斑,但病斑在贮运期间可继续扩大且着生黑霉。

第二节 柑 橘 类

柑橘是世界上重要的果品种类之一,我国柑橘主要分布在长江流域及其以南省区,栽培历史已有4000多年。柑橘营养丰富,品种繁多,近年来,随着柑橘生产的发展和市场竞争日益激烈,搞好柑橘的商品化处理和贮藏保鲜,对满足内销和外贸市场的需求具有十分重要的意义。

一、品种与贮藏特性

柑橘类包括柠檬、柚、橙、柑、橘5个种类,每个种类又有许多品种。由于不同种类、品种间的果皮结构和生理特性的不同,它们的贮藏性差异很大。一般来说,柠檬、柚耐藏性最强,其次为橙类,再次为柑类,橘类最不耐藏,如在适宜贮藏条件下柠檬可贮7~8个月,甜橙可贮6个月,温州蜜柑为3~4个月,而橘仅可贮1~2个月。

柑橘类水果中同一种类不同品种间的耐藏性也不同,通常是晚熟品种＞中熟品种＞早熟品种;无核品种不如有核品种耐藏。一般晚熟、果皮致密且油胞含油丰富,囊瓣中糖、酸含量高,果心维管束小是柑橘耐藏品种的特征。

二、贮藏条件

柑橘在贮藏过程中很容易发生浸染性病害和生理性病害,适宜的温度及气体、湿度条件可以使果实的贮藏期大大延长。柑橘类果实属喜温性果品，对低温较敏感，过低的温度，将使果实受到冷害而发生褐斑病、水肿病等，但是不同种类对温度的敏感性不同。一般来讲橘类较耐低温，柑类和橙类次之，柠檬最不耐低温。柑橘类果实不同品种间贮藏的最适温度差异很大，如南丰蜜橘、温州蜜橘的贮藏适温分别为 5℃～10℃、3℃～5℃，蕉柑、椪柑的贮藏适温分别为 7℃～9℃、9℃～12℃。因此，生产上确定柑橘的贮藏适温时，除了考虑种类和品种外，还必须考虑产地条件、成熟度、贮藏期长短等诸多因素。

相对湿度是影响柑橘贮藏效果的另一个重要因素，它不但影响果实水分散失，而且影响病原微生物的浸染、繁殖与传播。不同类柑橘对湿度要求不一，如甜橙和柚类要求较高的湿度，最适相对湿度为 90%～95%；宽皮橘类在高湿环境中易发生枯水病（浮皮），故一般应控制较低的湿度，最适相对湿度为 80%～85%。

柑橘类果实对低氧和高 CO_2 十分敏感，柑橘中橙类虽能耐 2% 的 CO_2，但控制不好，也会产生 CO_2 伤害，因此不适于采用气调贮藏。在柑橘类果实贮藏过程中，应注意通风，以便排出多余的 CO_2 气体；另外不能与苹果、梨混贮，防止苹果和梨呼出更多的 CO_2 对柑橘类果实产生伤害。表 2-1 是柑橘类果实适宜的贮藏条件及贮藏期。

表 2-1　几种柑橘类果实的贮藏条件和贮藏期

品种	温度（℃）	相对湿度(%)	气体成分(%)		贮藏期(月)
			O_2	CO_2	
柠檬	12～14	85～90	—	—	4～6
葡萄柚	10～13	85～90			1～2

续表

品种	温度(℃)	相对湿度(%)	气体成分(%)		贮藏期(月)
			O_2	CO_2	
甜橙	3~5	90~95	>19	<3	3~5
红橘	10~12	80~85	>19	<3	2~3
蕉柑	7~9	85~90	>18	0~1	3~5
椪柑	9~12	85~90	18~20	0~1	3~5
南丰蜜橘	5~10	85~90			2~3
温州蜜橘	3~5	80~85			3~5
伏令夏橙	3~8	85~90			2~4

三、贮藏技术要点

1. 采收成熟度确定 柑橘类属典型的呼吸非跃变型果实，后熟作用不明显，一旦采收，其内在品质和营养成分一般不再提高，故果实应达到适宜成熟度后再采收，早采与迟采均影响果实产量、质量和耐贮性。通常当果实着色面积达3/4，果肉具有一定弹性，糖酸比达到该品种应有的比例，表现出该品种固有风味时采摘较好。如短期贮藏的锦橙，采收指标应为色泽达5级（果皮色泽按统一的比色板级别分7级），固酸比值为9∶1；若长期贮藏，则应在果面有2/3转黄，色泽达到3级，固酸比为8∶1时采收。通常橘类以固酸比达13∶1~12∶1，甜橙以12∶1~10∶1，柑以7.5∶1为成熟标准。

2. 预贮 有预冷散热、蒸发失水、愈伤防病等作用。预贮最好在阴凉通风的果棚、选果场或专门的预贮室内进行，让其自然通风、散热失水。控制温度为7℃~10℃，相对湿度为

80%～85%，在空气流通条件下预贮 2～5 天，失水 3%～5%，果皮略有弹性时即可。不同品种或果实状态不同，预贮时间也不一样，一般橙类预贮 2～3 天，失水 3%～4%；宽皮柑橘类预贮 3～5 天，失水 3%～5%为好。

3. 防腐保鲜处理　柑橘上应用的主要防腐剂有苯并咪唑类如特克多、苯来特、多菌灵、托布津和甲基托布津等，使用浓度一般为 500～1000 毫克/升，其他还有抑霉唑（伊迈唑）和仲丁胺。特克多（TBZ）和苯来特（苯菌灵）是最有效的杀菌剂，可有效地控制柑橘蒂腐病和青绿霉病，对炭疽病也有一定效果，但对酸腐病和黑腐病无效。这两种杀菌剂均微溶于水，常配成蜡和水的混合液或水的悬浊液使用，处理时必须不断摇动，以保证药液均匀一致。

抑霉唑对抗苯并咪唑类药剂的青绿霉病有明显的抑制作用，但对黑腐病、蒂腐病、酸腐病等均无效，使用浓度为 1000 毫克/升。

仲丁胺可控制青绿霉病，对蒂腐病的效力较低，对酸腐病和炭疽病无效。一般用温度为 25℃～45℃的 0.5%仲丁胺溶液浸果 1 分钟效果较好，也可用仲丁胺作为熏蒸剂，在空气中浓度达到 100～200 毫克/升，时间 42 小时处理为宜。

生长调节剂也是经常使用的药物。可延缓柑橘果实的衰老，抑制果蒂离层的形成，保持果蒂青绿，防止蒂缘产生褐斑等。

4. 分级　首先剔除病虫伤果、畸形果、脱蒂果、青皮果和过熟果，然后按不同品种，根据果实的色泽、形状、成熟度、果面等分成若干等级，最后按果径大小分级。通常内销柑橘，按规定进行大小粗略分级，而出口柑橘，应先按规格要求进行人工挑选分等，再用分级机或分级板按果实横径分级。分级时，必须按分级标准严格把关，不能等级混杂。

5. 包装　目前柑橘类果实大多采用塑料薄膜单果包装。塑料薄膜包装对于减少柑橘果实蒸腾失水，保持果实外观新鲜饱满，控制褐斑病（干疤）均有很好的效果。塑料薄膜袋厚度一般为

0.015～0.02毫米，规格依果实体积大小而定。柑橘采收后经过药剂处理、晾干果面、剔除伤病果后套袋包装，套袋袋口拧紧或折叠，朝下放入包装箱中。

塑料薄膜单果包装对橙类、柚类和柑类的效果明显好于橘类，低温条件下的效果好于较高温度。

四、贮藏方法

柑橘适于选择通风良好的简易贮藏场所进行长期贮藏，目前的贮藏方式主要有地窖贮藏、通风库贮藏、冷库贮藏等。

1. **地窖贮藏** 地窖贮藏柑橘在四川南充一带采用较多。具体方法是：在贮藏前1个月，在地窖内喷洒适量的水，使相对湿度保持在90%～95%。入窖前10～15天，用乐果200倍液喷洒窖底、窖壁，密封1周后敞开通风。入窖前2～3天再用托布津加碱性硫酸铜混合药液或5%福尔马林喷洒灭菌。窖底先垫沙，上铺一薄层稻草，果实整齐地沿窖地四周向中心排列摆放，摆放高度为5～6层果，同时要在底部中央留出50～70厘米直径的空间，以便翻果、卸果时使用。

入窖初期，果实呼吸旺盛，果皮发汗，窖内温、湿度增高，果实易腐烂，应采用提水气和敞窖的方法来降低温、湿度。提水气可用稻草或石灰等来吸水，降低窖内湿度。敞窖是揭开窖板，利用夜间低温通风降温，除去果实田间热和呼吸热。入冬后，当窖内温度低于12℃时，窖口应进行密封，以免冷空气侵入窖内使果实受冻。开春气温升高，可在夜晚敞窖通风换气降温，在贮藏期间应注意经常检查，选去腐烂果，防止病菌蔓延。用窖藏法贮藏甜橙，贮藏期限可达6个月，果实新鲜，饱满多汁，腐烂率仅为3%左右。

2. **通风库贮藏** 通风库是利用冷热空气的对流作用来保持室内较低和较为稳定的温度，能有效地利用冬季自然低温及昼夜温差的变化，是许多地方柑橘贮藏的一种主要方式。通风库贮藏季节主要在晚秋至次年春季。目前大多采用改良通风库，增加机械通风，库温下降迅速。一般可贮藏甜橙 100～157 天，腐烂率为 2.19%～11.4%，失重率为 1.23%～4.16%。

3. 冷库贮藏　可根据需要控制库内的温度和湿度，又不受地区和季节的限制，是保持柑橘商品质量、提高贮藏效果的理想贮藏方式。柑橘类果实对低温特别敏感，长期冷藏时必须考虑冷害的影响。由于柑橘的种类、品种以及生长发育条件不同，贮藏的适宜温度亦不一致。库内湿度也应适当，不可过高或过低，一般保持相对湿度在 85%～90%。由于柑橘类果实对 CO_2 比较敏感，因此，冷库贮藏中应注意通风换气，排除过多的 CO_2 等有害气体。

4. 气调贮藏　由于柑橘类果实采后无呼吸高峰出现，所以用气调贮藏延长贮藏期限的作用一般不明显，目前在商业贮藏上应用还十分有限。

五、主要贮藏病害及防治措施

1. 浸染性病害

（1）青绿霉病　是青霉病与绿霉病的合称。青绿霉病是柑橘类果品贮藏中为害最大的浸染性病害。虽然这两种病的病原是不同的真菌，但病害的发生过程及症状很相似，通常两种病同时发生，但最后往往以绿霉孢子覆盖病斑。

青绿霉病菌只能危害果实，引起果实腐烂，通常自蒂部或伤口处开始发病。发病初期呈水渍状的圆形病斑，病部果皮湿润柔软，用手指按压果皮易破裂。2～3 天后病部产生白色霉层菌丝体，再由白色菌丝体上长出青色（青霉）或绿色（绿霉）粉状分生孢子。病部扩展很快，1～2 周可使全果腐烂。病果果肉发苦，不能食用，干燥时，可干缩成僵果。病菌分布很广，仓库、各种工具、空气及土壤中都可以存在。贮运期间主要通过病果与有伤果实接触传播，或病菌孢子飞散传播，再浸染频繁。

青绿霉菌都是寄生性较弱的真菌，只有通过各种伤口才能侵入果实，没有伤口的鲜果，即使与病果接触亦难感病。贮藏后期果实本身抗病性下降后,青绿霉病菌可由气孔入侵,故青绿霉病的发病高峰在采收后入贮初期(由机械伤口入侵)和贮藏后期(接触传染)。

防治方法:适当提早采果能预防该病的发生;采收、分级、包装、运输等环节要尽量避免机械损伤,伤口越多越大则越易感病;对贮藏库和工具进行彻底的消毒灭菌;采用杀菌剂防腐;采用单果包装防止后期接触传染。

(2)黑腐病 又称黑心腐,是一种较严重的贮藏病害。多危害贮藏期的宽皮类柑橘,特别是在温州蜜柑、椪柑上危害严重,甜橙、柚、柠檬等也可发生。病菌常从蒂部或脐部侵入,果皮病部呈不规则的褐色病斑,大小不一,软腐。空气潮湿时,病斑表面生出墨绿色霉状物。有时病菌从伤口直接侵入果实内部,果实外表无明显病症,而果肉腐烂,中心轴空隙处长有污白色至墨绿色绒毛状霉。

防治方法:黑腐病采后用药物防治效果不好,应在入侵期进行田间喷药防治,通常使用铜制剂或80%敌菌丹可湿性粉600~800倍液喷洒。

(3)酸腐病 是柑橘贮运中最难防治的病害之一,偶尔也危害树上的果实。酸腐病只危害果实,一般发生于成熟果或过熟果,特别是贮藏较久的果实。果实感病后出现水渍状、稍下陷、柔软的轮纹状皱褶病斑,果实腐败、流水。在温度适宜时,病部迅速扩大,浸染全果,病部表面长出白色的薄霉层,并发出酸臭味,最后病果腐烂变成一堆胶黏物。酸腐病发生后,青绿霉等病菌往往会在病部上迅速生长。贮运期间主要靠接触、震动传病。果实感病后发展极快,24℃~30℃的高湿的条件下,5天内可使全果腐烂。

防治方法:加强对果夜蛾的防治,采后处理过程中尽量避免机械伤,用500~1000毫克/升双胍盐和75%的抑霉唑(伊迈唑)有一定效果。生产上常用的特克多、多菌灵等苯并咪唑类药剂对酸腐病无效。温度低于10℃几乎完全抑制酸腐病。

(4) 褐腐病　又称褐色腐败病。褐腐病由疫霉菌引起,秋季果实成熟期间阴雨连绵时,疫霉菌得以浸染果实,引起大量落果,贮运期间继续接触传病。

防治方法:主要是采前防病。采前1个月内,喷施25%瑞毒霉500倍液两次。采后结合特克多、多菌灵等防青绿霉病时,增加25%瑞毒霉1000倍液浸果。

(5) 褐色蒂腐病和黑色蒂腐病　这两种病害主要发生在成熟果实上,外部症状不易区别。主要特征是,多自蒂部开始发病,以果蒂为中心出现水渍状、淡褐色病斑,病部果皮革质有柔韧感,边缘呈波纹状。病果内部腐烂比果皮腐烂快,当病斑扩大至果面的1/3到1/2时,果心已全部腐烂。病菌的寄生性不强,需要伤口或植株衰弱的情况下才能浸染为害。防治重点应放在控制田间发病上。

(6) 炭疽病　是贮藏后期导致果实腐烂损失的病害之一,通常贮藏到翌年2月以后,病果逐渐增加。甜橙发病较多,橘次之,柑最少。

炭疽病在果实上的病斑呈近圆形深褐色下陷状,病部限于果皮,革质硬化,也有水渍状的,多从果蒂部或靠近果蒂部开始发生。一般在贮藏后期特别是在褐斑病出现以后并发。炭疽病菌通常不会导致整果腐烂。防治重点应放在田间防治,主要是搞好果园清洁工作和喷药保护。

2. 生理病害

(1) 水肿病　发病初期果皮变淡,失去光泽,果实开始变软,果肉稍有异味。随着病情的发展,果皮变为淡褐色,局部果皮出现半透明水渍状斑块,严重时表面饱胀,整个果实变为半透明水渍状,易剥皮,手压即出水,食之有浓厚的乙醇味。此病多发生于宽皮柑橘类,甜橙较少发生。贮藏温度偏低、通风不良或密封的薄膜包装袋内CO_2积累过多均易发生水肿病,如甜橙在1℃以下、蕉柑在7℃以下、椪柑在10℃以下,贮藏环境中CO_2超过1%时,就会促进水肿病的发生。贮藏中发现发生水肿病时,应及时出库销售，不能继续贮藏。

(2) 褐斑病　又称干疤病，是橙类果实在贮藏过程中发生最普遍、最严重的生理病害，柠檬、柑等也有发生。该病多发生在果蒂周围，初期为浅褐色的不下陷病斑，随着贮藏期的延长病斑逐渐扩大，颜色加深，病斑处油胞破裂，香精油溢出，下陷干缩，但一般只波及果皮。严重时会影响风味。

褐斑病是因为果皮失水皱缩、机械损伤及油胞凹陷所致，与果皮结构有密切关系。贮藏温度偏低引起的冷害及贮藏环境相对湿度过低引起果皮失水是发病的主因。采用贮前发汗预处理的方法可以大大降低褐斑病发生率，如甜橙在 10℃～15℃ 和相对湿度为 85%～90% 条件下发汗 7～10 天，果实重耗为 2.5%～4%，能使褐斑病的发生率显著降低。采用薄膜袋单果包装也能有效地减轻柑橘褐斑病的发生。

(3) 枯水病　在宽皮类柑上发生较严重，多在贮藏后期出现，是柑橘贮藏中为害较大的一种病害，也是限制宽皮类柑橘长期贮藏的主要因素。枯水病主要表现为果皮饱满新鲜或果皮发泡，皮肉分离，汁胞失水干缩，囊瓣壁变厚、硬、呈白色。严重时失去柑橘风味，食之如败絮，完全失去食用价值。

控制枯水病发生的措施主要有：加强栽培管理，少施氮肥，增施有机肥；采前 20 天左右用 10～20 毫克/升赤霉素或 1000 毫克/升 B_9 喷施，或者采后用 50～100 毫克/升赤霉素结合柑橘防腐处理，有一定的效果；贮前选择大小适中、果皮细滑的果实，剔除果皮厚而疏松的果实；在包装前或贮藏前，将果实放在相对湿度较低、通风透气的地方预贮一段时间，使果实水分蒸发一部分，待果皮微软后才包装入库贮藏。

第三节 浆 果 类

一、葡萄

葡萄是世界四大果品之一,我国葡萄栽培已有两千多年的历史,主产区是新疆、山东、河南、河北、辽宁。我国葡萄产业的特点是:80%是用于酿酒、制干、制汁、罐头等加工,20%用于鲜食,且鲜食葡萄贮运保鲜业比较落后,基本上是季产季销、地产地销,在一些集中产区采收价格比较低,甚至出现卖果难的问题,因此搞好葡萄采后贮藏保鲜对于推动葡萄产业的发展具有重要的意义。

(一)品种与贮藏特性

葡萄栽培品种很多,耐藏性差异较大。一般晚熟品种强于早、中熟品种,深色品种强于浅色品种。晚熟、皮厚、果肉致密、果面富集蜡质、穗轴木质化程度高、果刷粗长、糖酸含量高等是耐贮运品种应具有的性状。在常见的葡萄品种中,红地球、秋黑、巨峰、龙眼是最耐贮藏的品种,在 $0\pm0.5℃$ 和适宜的保鲜剂的条件下可贮藏 5~7 个月,玫瑰香、红富士、红宝石较耐贮藏,可贮藏 3~5 个月,马奶、里扎马特、木纳格葡萄不耐贮藏,贮藏期在 3 个月以内。

葡萄是以整穗体现商品价值的,故耐藏性应由浆果、果梗和穗轴的生物学特性共同决定。通常认为整穗葡萄为非跃变型果实,采后呼吸呈下降趋势,成熟期间乙烯释放量少,但在相同温度下穗轴尤其是果梗的呼吸强度比果粒高 10 倍以上,且出现呼吸高峰。葡萄果梗、穗轴是采后物质消耗的主要部位,也是生理活跃部位,故葡萄贮藏保鲜的关键在于推迟果梗和穗轴的衰老,控制果梗和穗轴的失水变干及腐烂。

(二)贮藏条件

葡萄贮藏中最容易发生腐烂、干枝与脱粒。腐烂主要由灰霉菌引起；干枝是因蒸腾失水所致；脱粒与病菌危害和果梗失水密切相关。

不同品种或同一品种不同产地生产的葡萄，冰点温度会有较大差异。通常情况下，葡萄较适宜的贮藏温度为$-1℃\sim 0℃$，即将一碗水置于贮窖内，上层水结冰，用手指一触即破为最适宜温度。温度降至$-2℃$左右时，果实会有少量结冰，但对葡萄的商品质量影响较小。葡萄对轻微的冰冻有较强的恢复能力，但贮藏温度的波动则会明显影响葡萄的耐贮性。

高湿度有利于葡萄保水、保绿，防止果梗失水和落粒。一般认为葡萄贮藏的适宜相对湿度为90%～95%。国内常用纸箱或木箱内衬塑料袋包装贮藏葡萄，可控制相对湿度在95%左右，以袋内不结露为最佳。需要注意的是，虽然葡萄穗轴仅占果穗重量的2%～6%，但由穗轴散失掉的水分却占葡萄果穗蒸发水分的49%～65%，所以，保持贮藏环境的湿度，采收后用石蜡封闭穗轴，对减少果穗失水十分有效。

葡萄虽然属于呼吸非跃变型果实，但在适宜的温度和湿度条件下，通过调节贮藏环境中的气体成分、降低O_2含量、升高CO_2浓度亦能使贮藏品质得到明显提高。长期贮藏的葡萄一般要求适宜的气体成分为：O_2 3%～5%和CO_2 1%～3%。

（三）贮藏方式

1. 窖藏　是北方葡萄产区采用较多的一种贮藏方法，如山东平度、河北涿鹿、辽宁锦西等地均采用这种贮藏方法。葡萄采收预冷后，待窖温降到5℃以下入窖贮藏，入窖前1周用20克/米³硫黄熏窖灭菌。葡萄入窖后立即用2～3克/米³硫黄熏蒸30分钟，每隔10天熏蒸1次。当窖温降至0℃，可每月熏蒸1次。入窖初期窖温较高，白天关闭进、排气孔，夜间全部打开。待窖温降至0℃，封闭所有气孔，使窖温保持在0℃～2℃，窖内湿度为85%～90%。此法可使葡萄贮藏2～3个月，损耗一般不超过10%。

2. 冷藏　是目前葡萄贮藏的主要方式。葡萄采后迅速预冷至 0℃，预冷时间一般不超过 48 小时。葡萄冷藏的温度一般控制在 $-1℃\sim0℃$，相对湿度保持在 $90\%\sim95\%$。通常情况下，葡萄贮藏前期的耐低温能力比后期强，贮藏前期库温下限控制在 $-1℃$，干旱年份可控制在 $-1.5℃$。随着贮藏时间的延长，温度应适当提高。贮藏期间要求库温保持恒定，波动不超过 $\pm0.5℃$。冷藏过程中，结合使用 SO_2 处理，贮藏效果会更好。另外，葡萄贮藏中要特别注意通风换气，及时排除浆果贮藏中呼吸释放出的 CO_2 和其他刺激性气体如乙烯、乙醛、乙醇等，防止积聚促进果实的成熟和衰老。

葡萄冷藏时用塑料薄膜包装效果好于一般冷藏。塑料薄膜包装袋一般选用 $0.03\sim0.05$ 毫米厚的聚乙烯（PE）或聚氯乙烯（PVC），每袋装果 $5\sim10$ 千克，最好配合使用果重 0.2% 的保鲜片剂，待库温稳定在 0℃ 左右时再封口。

（四）防腐保鲜处理

防腐保鲜处理是葡萄贮运保鲜的关键技术之一，目前使用的保鲜剂主要是 SO_2 制剂。SO_2 对葡萄常见的真菌病害如灰霉菌有较强的抑制作用，同时可降低葡萄的呼吸率，具体做法如下：

1. SO_2 熏蒸法　在密闭库房内或将果筐、果箱堆垛罩上塑料大帐封闭，每立方米空间用硫黄 $2\sim3$ 克，燃烧熏蒸 $20\sim30$ 分钟后揭帐通风。为使硫黄充分燃烧，每 30 份硫黄可拌 22 份硝石和 8 份锯末。也可从钢瓶中直接通入 SO_2 气体，0℃ 下每千克 SO_2 占 0.35 立方米体积，可直接以 SO_2 占 $0.3\%\sim0.5\%$ 的帐内容积比例进行熏蒸。

2. 亚硫酸盐熏蒸　亚硫酸氢盐如亚硫酸氢钠、亚硫酸氢钾或焦亚硫酸钠与硅胶混合，使之缓慢释放 SO_2。将亚硫酸氢盐 $2\sim3$ 份、硅胶 1 份研碎混合后包成小包，每包 $3\sim5$ 克，按葡萄重量亚硫酸氢盐占 0.3% 左右比例放入混合物。葡萄箱、筐上面盖 $2\sim3$ 层纸，将药包均匀放在纸上，然后堆码。

3. 葡萄专用保鲜剂（片） 如天津农产品保鲜研究中心生产的 CT—系列葡萄专用保鲜剂，具有前期快速释放和中后期缓慢释放的杀菌特点，药效可达 8 个月。保鲜剂用量为 2 包/千克葡萄，使用前用大头针扎眼（2～3 个/包）。一般在入贮预冷后放入保鲜剂扎口封袋，若进行异地贮藏或经较长时间运输，采后立即放置保鲜剂效果更好。

进行硫处理应该注意药剂用量，SO_2 浓度过低，达不到防腐目的，过高易使果实褪色漂白，果粒表面生成斑痕，商品价值下降。葡萄品种、成熟度不同，对 SO_2 的忍耐性不同，如瑞比尔、红宝石、红地球、无核白鸡心、马奶葡萄等对 SO_2 极敏感，玫瑰香、龙眼、巨峰对 SO_2 不敏感，因此在贮藏过程中，必须根据其特点采用不同剂量的保鲜剂处理。此外，还要注意葡萄中 SO_2 的残留问题，一般认为 10～20 微克/克的残留量比较安全。

（五）主要贮藏病害及防治措施

1. 浸染性病害

（1）葡萄灰霉病 葡萄灰霉病菌主要为害果粒，是葡萄贮藏后期的主要病害。发病初期，病斑呈圆形、凹陷状，界限分明，褐或黄褐色，浸染点有明显裂纹，轻压则果皮脱离病斑。果梗受浸染后变黑，后期出现黑色块状菌核。该病原菌是在花期和成熟期通过气孔（皮孔、水孔）侵入果实内部的，属于潜伏浸染，也可通过接触传染。该病菌对温、湿度要求不严，从 0℃～40℃均可繁殖浸染，高湿条件下发病较重。防治灰霉病的首要措施是加强田间管理，减少果穗在田间受病菌浸染。采收时尽可能减少果穗受伤害，降低贮藏温度，用仲丁胺熏蒸或者浸果，防腐效果优于 SO_2 熏蒸。熏蒸一般按每千克葡萄用 0.2～0.5 毫升仲丁胺原液，或者每立方米空间用仲丁胺原液 7～12 毫升；浸果用 300 倍仲丁胺药液浸 2 分钟，晾干后贮藏。

（2）葡萄青霉病 葡萄贮藏中最常发生的病害。发病初期，病原菌在果粒上形成浅褐色水浸状圆形或半圆形凹陷，果实软化，直到浆果内部呈透明浆状物，腐烂果皮上产生白色霉层，后变为蓝色，并散发出霉臭味。病菌主要从果穗伤口侵入，可进行再浸染和接触浸染。青霉菌对温、湿度要求不严格，0℃低温下仍可繁殖浸染造成烂库。青霉病的防治方法与灰霉病相同。

(3) 葡萄炭疽病　又称苦腐病或晚腐病。一般为害果实较重，在果实渐趋成熟时病菌迅速蔓延扩展呈现症状，初期为圆形不规则形、水渍状淡褐或紫褐色小斑点，后发展成直径达8～15毫米的黑褐色病斑，凹陷，边缘皱缩，逐渐腐烂。病菌有潜伏浸染特性，贮运期间能继续发病，可进行再浸染。发病最适温度为20℃～30℃，葡萄着色期气温高，此病易于流行。防治措施：采前1～2天果穗喷布1次1000毫克/千克的特克多药液，杀灭部分果穗果实表面或果粒、果梗浅层浸染的病菌，减轻采后贮运中的危害；采收时剔除有病的果穗和果粒，并及时入库预冷；贮运中应用化学防腐，常用的药物有CT2号保鲜剂等硫制剂、CT1号仲丁胺固体熏蒸剂；贮藏温度保持在-1℃～0℃控制该病。

(4) 葡萄根腐病　受感染的果实开始变软，没有弹性，继而果肉组织被破坏，果汁从果实中流出来。在常温常湿条件下，病害发展到中后期，在烂果表面长出粗的白色菌丝体和细小的黑色点状物。在冷库中，菌丝体生长受抑制，孢子囊呈致密的灰色或黑色团，紧紧附着在果实表面。控制贮运环境温度（3℃以下）和气体成分（O_2 5%，CO_2 5%以下），最大限度减少果实的机械伤，是防治该病的关键技术措施。

2. 生理性病害

(1) 干枝、落粒　葡萄在贮藏期间易于失水，造成穗梗、果枝干枯，引起果粒脱落，这主要是贮藏环境中相对湿度偏低所致。可采用包装内衬几层纸或一层薄膜袋保持水分，使相对湿度保持在90%以上。此外，选穗轴和果梗已木质化，且果穗粗壮的果实进行贮藏。防治果粒的脱落，还可采用喷施一些植物生长调节剂的方法来实现。

(2) SO_2 伤害　葡萄贮藏常用 SO_2 熏蒸防腐，在安全用量范围内，有较好的灭菌效果，超过安全用量，则产生 SO_2 伤害。SO_2 伤害一般表现为漂白作用，漂白先从果梗周围开始逐渐向果顶发展，受伤处漂白最明显，受害较重时，病部形成皱缩的水浸状斑点，严重时整个果面形成许多坏死的小斑点，皮下果肉坏死。此时葡萄风味变劣，并有强烈的 SO_2 气味，丧失食用价值。控制 SO_2 用量是防止 SO_2 伤害的关键措施。

二、猕猴桃

猕猴桃是一种藤本果树，原产于我国，属浆果，外表粗糙多毛，颜色青褐，风味独特，营养丰富，维生素 C 含量为 100～420 毫克/100 克，为其他水果的几倍至数十倍，被誉为"水果维生素 C 之王"或"长生果"。

（一）贮藏特性和品种

猕猴桃的种类很多，我国现有 52 种，其中有经济价值的 9 种，以中华猕猴桃（又称软毛猕猴桃）和美味猕猴桃（又称硬毛猕猴桃）在我国分布最广，经济价值最高。猕猴桃各品种的商品性状、成熟期及耐藏性差异很大，一般硬毛果实较耐藏，软毛果实不耐贮藏。目前大量栽培的综合性状好的优良耐藏品种有秦美、铜山 5 号、海沃德等。

猕猴桃果实属于典型的呼吸跃变型果实，具有生理后熟期，采收时比较生硬，酸度和淀粉含量都比较高，此时基本不释放内源乙烯。但是若不及时进行贮藏处理，在常温下，一般 5～7 天内源乙烯的释放骤增，硬度、淀粉含量下降，糖分增多，形成离层，果柄脱落。接着内源乙烯很快达到高峰，这时的果实酸甜可口，为最佳可食期。进一步发展，果实内部发酵变质、腐烂并失去商品价值。一般认为猕猴桃贮藏中的关键问题是保硬。

（二）贮藏条件

猕猴桃果实硬度与贮藏温度有直接的关系。猕猴桃适宜的贮藏温度为 $0\pm1℃$，在该温度下贮藏，硬度下降缓慢，贮藏期可达

6个月左右。特别应强调的是采收后的果实必须及时贮藏在适合的温度下，才能保持其硬度。

猕猴桃贮藏的最适相对湿度为90%~95%。湿度过低，猕猴桃失水，果皮皱缩，同时易变软；湿度过高，易出现水浸状斑点，变软腐烂。

低氧和高CO_2对猕猴桃保硬有良好的效果。适宜猕猴桃贮藏的气体指标为氧2%~3%，$CO_2$3%~5%，一般采用2%氧、5%CO_2。猕猴桃对乙烯很敏感，极低的乙烯含量就可加速果实软化，促进呼吸高峰提前出现，所以除去环境中的乙烯，是延长猕猴桃贮期的主要方法。

(三) 贮藏方法

1. 冷库贮藏　冷库在果实入库前1周用0.5%的高锰酸钾或福尔马林熏蒸消毒，打开库门排气扇通风3~5天后，再把库温降至5℃~7℃。将猕猴桃放入内侧和内底均衬有干净报纸或草纸的贮果箱内，每箱重12~13千克。冷库内的果箱堆码时，应注意留通风道。如果库内湿度低，要人工加湿，防止果实失水产生萎蔫皱缩。

猕猴桃入库4~14天，应在冷库内换箱加保鲜剂。若果实含水量小、着色好、含糖量高可早换箱加保鲜剂，反之可延迟。把猕猴桃放入厚0.02~0.05毫米、宽75~80厘米的透明聚乙烯袋中，每袋装果约12.5千克，剔除不合格果实，选用保鲜效果良好的保鲜剂，最后扎住袋口，扎袋口的方法与使用的保鲜剂有关。

入库期间，库温尽量避免波动，入库后要求48小时内库温降到0℃~3℃。对猕猴桃代谢中产生的乙烯气体和挥发性物质，要进行通风换气，但注意防止库温有较大波动。在精细管理条件下，猕猴桃可贮藏4~6个月，出库至销售前果实硬度不得低于4~6千克/厘米^3。

2. 气调贮藏　将分级、挑选及预冷后的果实，放入果箱中，每箱装 10~15 千克，内套 1 个 0.06~0.08 毫米厚的塑料袋，袋上面有取气孔，然后紧扎袋口和气孔，使其形成一个密闭系统。

如果有快速降氧机和氮补充时，用快速降氧法。先用抽气泵抽去袋内的空气，再充氮，反复 2~3 次后，使袋内的氧减少到所需指标。没有氮可用自然降氧法，即靠果实的呼吸作用消耗氧而提高 CO_2。每天都要进行测气，氧低于 2%，CO_2 高于 5% 时则要补充氧气并除去 CO_2。除去 CO_2 的方法在气调库一般用 CO_2 脱除机；普通塑料袋，一般用硝石灰。对于猕猴桃来说，双指标气体管理效果比单指标的好。

3. 低乙烯气调贮藏　低乙烯气调贮藏法就是在气调的基础上应用吸附或脱除净化装置把乙烯脱至 1 毫克/升以下或某一确定值。除乙烯的办法主要是采用高锰酸钾吸收乙烯，通常将泡沫砖、珍珠岩、蛭石、沸石等小碎块，放入高锰酸钾饱和溶液中，浸透后沥干制成载体，装入密封的塑料袋中备用。制成的高锰酸钾载体不能长期暴露在空气中，否则会氧化失效。用时在塑料袋上扎上许多小孔，装载体的小袋放在果实上部（因乙烯较空气轻），然后密封装果的袋。

三、草莓

草莓属于蔷薇科草莓属，为浆果类果实，色泽鲜红，柔软多汁，甜酸适口。草莓含水量达 90%~95%，组织娇嫩，易受机械损伤和微生物浸染而导致腐烂变质。常温下，草莓存放 1~3 天就变色、变味，失去原有风味和商品价值。采用适当的贮藏技术可延长草莓的供应期。

（一）品种与贮藏特性

草莓品种间的耐贮性差异较大。比较耐贮运的品种有：鸡心、狮子头、戈雷拉、宝交早生、绿色种子、布兰登保等，上海、春香、马群等品种不耐贮运。草莓属于呼吸非跃变型果实，采后水解酶活性大，呼吸强度较大。

草莓开花时可用 0.1% 的托布津、多菌灵等喷布，杀灭病原菌，防止其在幼果时侵入。果实采收前用0.1%~0.5%的氯化钙液喷施果实，可有效抑制采后果实的软化。用于贮藏的草莓不能过熟，一般在八成熟时采收。由于草莓成熟期不一致，应根据成熟度分期采收，果实由青转白再逐步变红，一般草莓表面3/4左右变红时为采收适期。

（二）贮藏条件

草莓0℃下一般仅贮藏7~10天，接近冰点（-1.0℃）时可贮藏1个月左右。因此，草莓在不受冻害的情况下，贮藏温度越低越好。

草莓组织幼嫩，极易发生机械伤害，高湿条件下极易腐烂，并产生异味。一般相对湿度在90%~95%较适宜。

草莓可耐高CO_2，10%~30%CO_2可降低呼吸强度和微生物繁殖，但长时间30%CO_2会引起不良变味。一般2%~3%O_2和5%~6%CO_2较适于草莓贮藏。

（三）贮藏方法

草莓的贮藏保鲜主要是保持其硬度和色泽并抑制微生物（主要是真菌）的生长。

1. 化学保藏

（1）植酸　是从米糠或小麦麸皮中提取的一种天然无毒食品抗氧化剂。将其用于草莓保鲜，可以延缓果实中维生素的降解，保持果实中可溶性固形物含量和含酸量，但抑菌作用弱，所以需与其他药剂配合使用。0.1%~0.15%植酸、0.05%~0.1%山梨酸和0.1%过氧乙酸混合处理草莓，常温下可保鲜1周，低温冷藏可保鲜15天，好果率达90%~95%。

（2）二氧化硫　将草莓放入带盖塑料盒中，分别放入1~2袋二氧化硫慢性释放剂，并使药剂与草莓保持一定距离，使二氧化硫在果实间均匀扩散，避免二氧化硫直接以较高浓度接触草莓。研究结果表明，使用1包二氧化硫缓释剂贮藏20天，好果率为67.7%，具有较理想的贮藏效果。

2. 冷库贮藏　草莓适宜的贮藏温度为 0℃，相对湿度为 90%～95%。草莓采收后及时强制通风冷却，使果温迅速降至 1℃，再进行冷藏，效果较好。此外，由于草莓耐高 CO_2，在 0℃ 下附加 10% CO_2 处理有较好的防腐效果，可延长贮藏时间。

3. 气调贮藏　挑选好的草莓果实装入 90 厘米×60 厘米×15 厘米的盘中，装满后送入预冷间预冷，预冷后的草莓连盘装入不漏气的塑料袋（0.04 毫米厚的聚乙烯薄膜袋，95 厘米×65 厘米×20 厘米），同时放入 1 片乙烯吸附剂，然后密封，放入温度为 0℃～1℃、相对湿度为 85%～95% 的冷库贮藏，可贮藏两个月左右。

4. 涂膜保鲜法　涂膜保鲜是近年发展起来的保鲜技术，在草莓保鲜中使用较多、效果较好的有壳聚糖膜。壳聚糖浓度影响草莓的品质及贮藏效果，目前推荐壳聚糖的最适浓度为 0.5%，也有采用 0.8% 对羟基苯甲酸乙酯和 0.5% 硬脂酸单甘酯的复合涂膜，效果较好。

（四）主要贮藏病害及防治措施

1. 灰霉病　是最常发生，最有破坏性的病害。叶、蔓、花、果均可受害。病果上被浸染，组织呈褐色，中心稍坚实，表面的果肉则发软腐烂。各个部位的被害处都可长出灰色霉状物，通常幼果发病极少。防治方法：

（1）喷药保护　多菌灵、速克灵均有高效，但应注意灰霉病易产生抗药性，且草莓是无果皮浆果，必须测定残留量，应选用高效低毒的杀菌剂轮换使用。

（2）采后药剂防腐　脱氢醋酸钠 4000 毫克/升浸果 30 秒，或 1% 乙醛气体熏蒸 0.5～1 小时，可控制灰霉病和软腐病，也可进行低温短期贮藏。

2. 软腐病　是草莓贮运中的重要病害，主要为害成熟浆果。病果变褐软腐，淌水，表面密生灰白色棉毛，有点点黑霉。果实堆放，往往严重发病。贮运期间接触、震动传病。过高（95% 以上）或过低（60％）的相对湿度都不利于腐烂。低温抑制软腐病效果明显，当温度降至0℃时，腐烂可完全抑制。

防治方法：小心采摘、处理、装运，避免擦伤、撞伤；生长期间最好铺一层地膜或稻草，使果实与土壤隔离。

第四节 核 果 类

桃、油桃、李、杏均属蔷薇科李属水果，果实分类同为核果类。核果类果实色鲜味美，成熟期早，对调节晚春和夏季水果市场起到了积极的作用。但由于这些果实成熟季节正值高温，采后贮运中易受机械损伤，很快软化、腐烂，所以它们的贮运保鲜就显得尤为重要。

一、桃、油桃

（一）品种与贮藏特性

我国目前有桃品种800多个，但很少用来长期贮藏。由于果实成熟时正是气温高的夏季，容易变质腐烂，在室内只能存放几天，就是在0℃条件下，也只能贮藏2～8个星期。桃品种间耐藏性差异很大，一般地，晚熟品种较耐藏，中熟次之，早熟品种不耐藏，而且中、晚熟品种较适于冷藏。较耐藏的品种有大久保、白凤、京玉、丰黄、连黄、黄露、深州蜜桃、肥城佛桃、冻桃、冬桃、秋香等，水蜜桃最不耐藏。

桃、油桃属呼吸高峰型果实，后熟不能增进其品质，而只能在树上达到果实本身的品质、色泽、风味等，所以不宜过早采收。采收期应根据各品种成熟度及销售要求来决定。以桃为例，一般用于鲜食用的桃应在八九成熟时采收，用于远销的鲜食用桃，可稍早些采摘，而加工用桃，要求绿熟，即在七成熟时采收。

（二）贮藏方法

桃很少用来贮藏，一般采取快收、快运、快销的对策，有时为了避开上市的高峰期做一定的短期贮藏。

1. 冷藏 在0℃和相对湿度90%的条件下，桃可贮藏15～30天。贮藏过久会丧失风味、果肉发糠、汁液减少。由于桃果采下后果实的体温很高，在贮运前必须进行预冷，否则很快后熟软化、腐烂。桃的预冷方式有风冷和水冷两种形式。

2. 气调贮藏 采用0℃，1% O_2 和5% CO_2 的条件贮藏油桃，贮藏寿命可达45天，比普通冷藏延长1倍。我国对部分桃品种采用冷藏加改良气调，得到贮藏60天以上未发生果实衰败，最长贮藏4个月的结果。在没有条件实现标准气调（CA）时，可采用保鲜袋加气调保鲜剂进行简易气调贮藏（MA）。具体做法为：桃采收预冷→装入专用保鲜袋→保鲜剂处理→扎紧袋口存放（袋内气体成分保持在 O_2 0.8%～2%，CO_2 3%～8%）。

3. 间歇升温贮藏法 将气调、冷藏的桃贮藏15～20天后移至18℃～20℃的空气中敞放两天，再放回原来气调室，能较好保持桃的品质，避免或减少贮藏伤害。据国外介绍，用此方法可将油桃种群中的耐藏品种贮藏5个月，这是目前桃果实贮藏时间最长的方法之一，但贮藏条件及操作程序要严格掌握。

贮藏的桃在销售或加工之前，须将果实从贮藏库内取出，转入温度较高的室内进行后熟。桃后熟所需的时间依后熟时的温度条件而定。桃的后熟温度一般为18℃～29℃，不宜过高或过低，温度为20℃～25℃时，完成后熟需3～4天；16℃时需8～10天；10℃时则需15～20天。后熟要求快速，愈快则品质愈佳。

（三）主要贮藏病害及防治措施

桃果的真菌病害也是影响耐藏性的主要因素，尤其在受伤果上易发生。其主要真菌病害的症状和防治方法如下：

1. 褐腐病 是桃最重要的病害。早期症状为水浸状病斑；24小时内为害果肉变成褐色和黑色。在15℃时，病斑扩大很快，腐败处可深达果核，但腐败处果皮完整。采用冷藏方法能有效地控制此病菌的生长。

2. 灰霉病 是在贮运过程中常见的白色菌丝体使腐烂果粘连在一起的现象。该病最初表现为：果皮上呈淡褐色病斑，然后在病斑处长出白色菌丝，病斑处逐渐腐烂并向果肉深处扩展。

灰霉病的防治主要有：用 1000 毫克/千克苯诺明的热水（水温为46℃左右）浸果2～3分钟，或用52℃水浸果1～2分钟来预防新桃的腐烂。

3. 根霉病 常发生在受伤果实中，腐坏处果肉软而湿，使整个果实崩溃。同样的，它与温度密切相关，若在高温条件下，2～3天可感染果箱内的大部分果实。而迅速预冷并保存在0℃环境中可防止或控制病害的发生。

二、李

李属蔷薇科核果类，是温带果树中适应性较强的一种，在亚热带地区栽培较广。李是重要的夏令水果，因色泽鲜艳、营养丰富而深受消费者喜爱，但李的耐贮性差，只有采取适宜的贮藏保鲜技术，才能有效地延长其供应期。

（一）品种及贮藏特性

李皮薄汁多，果实极易失水或因病原菌的浸染而腐烂，因此在常温下只能贮藏7～14天。李是热带水果中对低温不敏感的类型，其冰点温度为－2.2℃，但一般在－1℃时就会出现冷害，因此其适宜的贮藏温度在0℃～3℃。李对采后贮藏环境的湿度要求较高，一般保持在85～95％。

不同品种的李的耐贮性差异很大。一般晚熟品种比早熟品种产生呼吸跃变的时间晚，因此较耐贮。另外，硬肉型、果皮厚韧、可溶性固形物含量高、果色深的品种也较耐贮。目前，我国用于贮藏的优良品种主要有西安的大黄李、河南的济源甘李、广东从化的三华李、辽宁葫芦岛的秋李等。

李适宜的贮藏条件为温度：0℃～3℃，相对湿度：85％～95％。

（二）贮前处理

1. 预冷　李在远销或贮藏前，应尽快地进行预冷处理。预冷方式，可用 0.5℃～1℃ 的冷水浸果冷却或在冷库中预冷到 4℃～5℃，前者的预冷效果优于后者。

2. 药物处理　李采后及时用多菌灵、噻菌灵、施保功等杀菌剂浸果处理能有效地防治病害和腐烂。采后浸药杀菌处理，可结合水预冷处理同时进行。

（三）贮藏方法

1. 冷藏　在库温 0℃～1℃、相对湿度 90% 的条件下贮藏李，其损耗率仅为 2.5% 左右，同时可避免冻害的发生，但在冷库中贮藏过久，果实会出现果肉变褐和产生异味。所以在低温条件下，只能短期贮藏，1 个月左右。

2. 气调贮藏　用 0.025 毫米厚的聚乙烯薄膜袋装果，每袋 5 千克左右，用自然降氧法或人工降氧法控制袋中的氧气含量在 1%～3%、二氧化碳含量在 5% 左右，并在 0℃～1℃ 的条件下贮藏。用此法贮藏李达 10 周，腐烂率较低。

（四）主要贮藏病害及防治措施

李果除易发生冻害、冷害外，也易发生真菌病害。

1. 青霉病　是李最重要的真菌病害，李在受到伤害、过熟或贮藏过久易发生此病。最初症状是在果皮上有一圆形平而淡褐的斑块，其皮下果肉呈软化湿润，进一步发展到果皮裂开，并出现白色霉丛，在湿润潮湿的环境下，产生青绿孢子，并散发出一种霉味。该病菌的最佳生长温度是 25℃，而在 0℃ 就可完全抑制其生长，采用低温贮藏李果能有效地防止该病的发生。

2. 芽枝霉属腐烂病　该病菌主要是由裂开或受伤的部位侵入为害。其症状表现为：腐坏组织坚硬而干，呈灰至黑色，受害组织呈圆锥形向果肉内发展。在腐烂部位表面是一层厚而白的霉菌，并在其中生长黄橄榄色的孢子。

该病的防治应从两个方面着手，一方面是剔除裂果和受伤果，另一方面采用低温贮藏（−0.5℃～0℃）来防止病害的发生。

3. 灰霉病 也是李常见的病害之一。它最初在果皮上呈淡褐色病斑，以后在病斑上盖一层霉菌造成腐坏。在潮湿环境中，许多白色菌丝体扩展到果实上，使腐烂果连在一起。而在干燥环境下则是产生成堆的灰色孢子。此病伴有轻微的泥土气味。

灰霉病的防治，主要有贮藏前应预先剔除损伤果；预冷要及时，并在低温下贮运；适当提高 CO_2 浓度，抑制孢子的发芽和病菌的生长。

三、樱桃

（一）品种及贮藏特性

樱桃的品种很多，在我国有悠久的栽培历史，樱桃于每年4～5月成熟，果实晶莹艳丽，营养丰富，含铁量高，在春夏之交最受欢迎。但是，樱桃采后极易过熟、褐变和腐烂，常温下很快失去商品价值。我国的樱桃主栽品种可分为中甜樱桃和甜樱桃，用于贮藏和远销最好选用甜樱桃，因其含糖量高，果肉质地比较坚硬，果实较大。其中有些耐贮运品种，如那翁和香蕉最耐贮运，日之出、早红稍耐贮运。一般说来，早熟和中熟品种不耐贮运，晚熟品种耐贮性较强。酸樱桃一般不作长期贮藏，多用于加工。

（二）采收、采后处理及品质问题

用于贮藏的樱桃要适当早采，一般提前1周收获，带果把采收，尽量避免机械伤。采后立即将果实预冷到2℃，在不超过2℃的温度条件下运输，基本上可控制采前浸染的灰星病导致的腐烂。因为樱桃的果实娇小、不耐压，宜采用较小的包装，每盒2～5千克。樱桃采后处理不当，容易过熟和衰老，湿度过低、温度过高时，果柄会枯萎变黑，果实变软、皱缩、褐变，并引起腐烂。表面凹陷是影响甜樱桃鲜销品质的主要问题，采后浸钙处理和减压贮藏可以降低果实表面凹陷的发生率。

（三）贮藏方法

樱桃在−1℃～0.5℃和90%～95%相对湿度下机械冷藏，可以贮藏 20~30 天。采用气调贮藏，特别是简易的自发气调贮藏，可获得较好的贮藏效果。一般做法是在小包装盒内衬 0.06~0.08 毫米的聚乙烯薄膜袋，扎口后，放在 $-1℃$ ~ $0.5℃$ 下贮藏，使袋内的 O_2 和 CO_2 分别维持在 3%~5% 和 10%~25%，樱桃可贮藏 30~50 天。需要注意的是 CO_2 浓度不能超过 30%，否则会引起果实褐变和产生异味，此外，为了防止不良气味，果实从冷库中取出后，必须把聚乙烯薄膜袋打开。

第五节 坚 果 类

一、板栗

板栗是板栗属斗壳科木本坚果植物，原产于我国，具有悠久的栽培历史，是我国的著名干果之一。板栗风味甜香可口，营养丰富，含有大量淀粉、蛋白质和脂肪，含水量为 40%~50%，是我国出口创汇特产之一。

（一）品种与贮藏特性

栗子在市场上常称为干果，一般认为比其他水果耐贮藏，其实不然。板栗果实怕干燥、怕潮湿、怕高温、怕冷冻，强烈气味以及污物对果实质量影响较大。由于果实含水量高达 40% 以上，在贮运过程中，若不注意环境条件很容易发生霉烂变质现象。

板栗以中、晚熟品种较为耐贮藏，北方品种较南方品种耐贮藏，如 9 月上旬成熟的魁栗经 4 个月贮藏后果实腐烂率为 50.4%，而 9 月底成熟的上光栗腐烂率只有 8%；产于浙江诸暨的 10 月中旬采收的毛板红栗贮藏 4 个月后的烂果率为 35.9%，而产于辽宁宽甸的 10 月上旬采收的安东栗在同样条件下，烂果率仅为 2.5%。常见品种中，山东薄壳栗、红栗，湖南它栗，河南油栗、良乡板栗等较耐贮藏，而河南猪栗最不耐贮藏。

板栗成熟度直接影响贮藏效果，适时采收是保证贮藏效果的关键措施。板栗的成熟标准是栗苞呈黄色，苞口开始开裂，坚果呈棕褐色。采收期应在栗树上已有 1/3 以上栗苞开裂时为好，不宜过早，因为未成熟（成熟度低）的栗果水分含量高，且采收季节早，气温高，不利于贮藏。采收时应注意天气情况，下雨时、雨后或晨露未干时都不宜采果。落地的球果应及时拾取，避免遭受病虫害。

（二）贮前处理

1. 预冷脱苞处理　采收后的球果温度高，水分含量高，呼吸作用强，必须将球果在阴凉、通风的场所摊放。球果堆积厚度为 40～50 厘米，堆上盖少许秸秆或稻草，每隔 0.5 米左右插一秸秆，以利通风降温和散失水分。5～7 天后进行脱粒，剔除病虫次果，将好果于阴凉室内摊凉几天，便可入贮。

2. 防虫、防腐、防止发芽和保湿处理　霉烂、虫害和失水是造成板栗在贮藏期间损失的主要原因，栗果脱粒后，应尽快灭菌除虫，增湿，防失水，保证其安全贮藏。

（1）防虫处理　有些感染了病害的栗果，采收后不易被发现，不能完全把病虫果剔除，所以要在贮藏前进行必要的杀虫处理。常用方法有：熏蒸法，如用二氧化硫 50 克/米^3，熏蒸 18～24 小时；溴甲烷 40～56 克/米^3，熏蒸 3.5～10 小时；52%磷化铅 18 克/米^3，熏蒸 24 小时等；也可温水浸杀，用 50℃～55℃温水浸果 15～30 分钟，或用 90℃温水浸果 10～35 秒，杀虫率可达 90%以上。此外，用 100Rγ—射线照射栗果也可控制出虫。

（2）防腐处理　贮藏前栗果的防腐处理方法主要有：用 0.1%高锰酸钾溶液浸果半小时，或 0.01%高锰酸钾与 0.125%敌百虫混合溶液浸果 1～2 分钟。

（3）防止发芽处理　板栗的淀粉含量很高，在贮藏时易发芽。在贮藏前，常用生长调节剂进行处理。如用萘乙酸及其衍生物（1000 毫克/千克）、B$_9$（1000 毫克/千克）、青鲜素（1000 毫克/千克）等浸果，或用漂白虫膜、混合蜡等进行涂膜处理以及 γ—射线照射处理等可抑制板栗的发芽。

此外，盐碱水也能抑制板栗的萌芽。其方法是在栗果发芽前（约在1月上旬），将装有栗果的篓浸入2％食盐与2％硫酸钠（或碳酸钠）的混合溶液中1分钟。处理时搅动几次，捞出浮果，不阴干，直接放入果篓中。用该法贮存至4月份，仅有少量栗子发芽。

（4）保湿处理　在板栗贮藏前用清水将附着在坚果表面的污物和农药洗去，并在贮藏初期用清水浸洗4～5次，能保持坚果表面在贮藏过程中有一定的湿润程度，防止果肉的干缩。

（三）贮藏条件

栗果对温、湿度是非常敏感的。栗果的适宜温度是1℃～3℃。贮藏温度过高，不仅容易发霉变质，而且容易萌芽；而温度过低，则会造成冷害发生。

栗果在低湿环境中，易失水，这不仅影响果实品质而且也不利于贮藏。但环境湿度过大则易发生腐烂。所以，在贮藏中相对湿度控制在90％～95％，同时注意通风换气，以免高温、高湿而引致霉烂。

低氧高 CO_2 环境能提高贮藏效果，一般板栗的适宜气调条件为 CO_2 浓度不超过10％，O_2 浓度为3％～5％。

（四）贮藏方法

1. 沙藏法　为板栗产区主要采用的方法，具体有堆藏、窝藏和沟藏等。在南方一些地方采用带苞沙藏法。其做法是：

在阴凉的室内地面上，铺一层秸秆或稻草，然后铺沙5～6厘米厚，沙的湿度以手捏成团，放下去能散开为宜（沙中含水量为6％～8％）。沙土堆放栗果，一层板栗一层沙，每层厚3～6厘米，如此堆积至总厚度达到50～60厘米、宽1米，长不限，最上面用稻草覆盖。每隔半月左右翻动1次，保持上下湿度均匀。贮藏时，应注意保持沙的湿度，有的地方用锯木屑、谷糠、苔藓等填充沙内来进行保湿，也有较好的效果。湿沙室内贮藏除直接堆放在地面上外，也可用缸、水箱、桶等容器来贮藏，但只适宜于少量板栗的贮藏。由于带苞贮藏的栗果易发芽,故用此法的贮藏时间不宜太长。

在北方产区多在室外挖沟贮藏。沟址宜选在排水良好的场地,沟挖成长方形,沟深80~100厘米、宽1米,长度以贮量而定。在沟底先铺10厘米厚的湿沙,然后将栗果与湿沙,按1∶2的比例混合拌匀后放入沟内;或一层沙一层板栗地铺入沟内,填到离沟口20厘米即可再铺20厘米厚的湿沙。最后封土培成屋脊状,盖土厚度应随着气温的下降分次加盖,最终达40~50厘米即可。为了避免发热造成板栗的霉烂,在铺放栗果的同时,可用玉米秸秆等绑成把,直插坑底,把与把之间距离以1.5米左右为宜,以利于通风换气。

2. 冷藏法　是贮藏板栗较好的方法。板栗在冷藏中的保湿方法主要有:通入潮湿冷风;将板栗装入内衬塑料薄膜袋的筐或麻袋内,可防止霉烂、风干、发芽;用麻袋装栗子,每隔4~5天在袋外适当喷洒水,以保持袋内湿度;也可将栗子装入竹篓内,篓内填垫防水纸,并以湿苔藓为填充物。

3. 塑料薄膜袋藏法　由于刚采收的新鲜板栗呼吸强度很大,释放出的呼吸热也多,故不宜立即装薄膜袋贮藏。一般是先用沙藏法贮藏1个月后,呼吸强度降低了,再改用袋贮法。装袋前要洗果,并用500倍的托布津溶液浸果10分钟,晾干后装入袋中,这样可防止在贮藏中生霉。塑料袋容量不宜超过25千克,薄膜厚度为0.05毫米,在袋两侧各打一些直径为2~6毫米的小孔(简易打孔方法是用普通纸用打孔器在塑料薄膜袋上按一定孔距打孔),小孔孔距约为5厘米,以利通风换气。若塑料袋上不打孔,则应不定期地打开袋口,以便检查和通风换气,尤其在气温高、袋内湿度大时更应如此。

应用塑料袋藏法可有效地降低腐烂率、失重率和发芽率,从而提高了贮藏效果。

4. 醋酸或盐水贮藏法　醋酸贮藏法是将新采收的板栗,经选剔后摊放3～4天，每100千克栗子用500克醋酸加50千克水配成的醋酸100倍稀释液喷洒（或浸泡1分钟），务必使栗子均匀接触醋液。待栗子稍阴干后，装入麻袋，悬空挂起贮藏，或用竹篓装果，篓内撒上一些新鲜松树叶。类似的醋酸液处理在贮藏初期应进行2～3次，到栗果发芽的3月份之前，应用2％～3％食盐加2％～8％的纯碱调成的盐碱水溶液浸泡1分钟，以防止栗果发芽。

用该法能有效地防止板栗的发芽和腐烂，贮藏4个月，好果率可达92％以上。另外，用上述方法处理过的板栗结合塑料袋包装贮藏，能获得较好的保鲜效果。

二、核桃

核桃是四大干果之一，有核桃属和山核桃属两类。核桃营养价值很高，干核桃仁中含油分60％～75％、蛋白质15％～27％，还含有丰富的维生素和矿物质。其油分中的脂肪酸主要成分是不饱和的亚油酸和亚麻酸，易被人体消化吸收，是一种高质食用油。另外核桃仁是中药常用的一种补品，可补气益血，润燥化痰，宣肺润肠，并且味甘性平，是目前五大保健食品之一。

（一）品种及贮藏特性

核桃属坚果类果实，有坚硬的木质果壳，故较耐运输和贮藏。由于核桃仁富含蛋白质和脂肪酸，保存不当易引起腐败现象，从而失去商品价值。

核桃必须达到完全成熟期才能采收。完全成熟的核桃标准是：外果皮由青变黄，一部分自行开裂，木质果皮薄，种仁饱满，脂肪含量高，耐藏性较好，当全树核桃有80％完全成熟时即可采收。若采收过早，则果皮不易剥离，种仁不饱满，出仁率低，加工时出油率低，而且不耐藏；若采收过迟，则果实易于脱落，如不及时拾起易霉烂，同时青皮开裂后，停留在树上的时间过长，会增加受霉菌感染的机会而引起发霉腐烂。

核桃是处于休眠状态的品种，其含水量低而含油脂多，呼吸微弱，因而贮藏所需要的环境条件不同于其他新鲜果实，通常需要保持一定的低温（以5℃左右为宜），贮藏环境的相对湿度宜在50％～60％，并需要适当通气。核桃在贮藏中常会发生霉烂、虫害和发生哈喇味等现象，应采用适当的方法加以防止。

（二）贮前处理

1. 蜕皮 采收后核桃外皮开裂50％左右就可以自然脱出，这部分坚果捡出另放。而外皮尚未开裂的核桃可进行堆积蜕皮。其方法是：将其堆放在阴凉处或室内，覆盖核桃叶或青草保温堆沤，覆盖厚度以60厘米左右为宜，过厚容易腐烂。一般堆放2～4天后即可脱去青皮，捡出未蜕皮的核桃继续堆沤，直到全部离壳为止。核桃外皮蜕皮也可在浓度为3000～5000毫克/千克的乙烯利溶液中浸半分钟后沥干，在阴凉的地方堆积，上面覆盖稻草、秸秆、核桃叶等透气性材料，3天左右外果皮便可自行脱落。

2. 漂洗 蜕皮后的湿核桃，要及时用清水漂洗，一般蜕皮与漂洗之间相隔不超过3小时，时间过长，核桃的基部维管束收缩，水分就会浸入，种仁容易变色，易于腐烂。作为出口用核桃，清水洗后还要用漂白粉水或次氯酸钠水漂白处理，待壳面由青红色变为黄、白色时捞出，并随即用清水反复冲洗干净。

3. 晾干 将漂洗后的核桃阴干，待大部分水分蒸发后再摊放在席上晾晒，摊果要薄，过厚容易发热使桃仁变质，也不易干燥。晾晒时应注意要经常翻动，同时应避免晚上受潮和阴雨天气。一般翻晒4～6天即可检查，当外壳洁净美观，碰敲声音响亮，用手搓横膈膜时易于折断破碎，此时种仁皮色由乳白色变为淡黄褐色，说明核桃已晾干。若日晒过度，种仁会渗油，同样要降低其品质。

另外，也可用火炕烘干，温度要求在40℃～50℃，温度过高会使种仁变色。在烘干时要勤翻动，以免果面色泽不匀，并应保持果面清洁。

（三）贮藏方法

核桃贮藏主要是采用低温、干藏和塑料薄膜密封等方法，只要这些方法操作得当,可以较长期地保藏果实。

1. 常温干藏法　用于干藏的核桃必须达到一定的干燥程度,所以在脱去青皮后,立即进行翻晒或烘干处理,以免水分过多,引起霉烂。但也不宜晒得过干,否则会造成出油现象,降低品质。通常晾晒1～5天即可。

核桃在贮藏中,常会发生霉烂、虫害和返油现象,因此在普通室内常温贮藏往往不能安全过夏,只能作短期存放。核桃少量贮藏时,一般将晒干的核桃装入布袋或麻袋中,放在通风、干燥的室内贮藏,或装入筐（篓）内,也可把核桃装在围囤内,堆放在阴凉、干燥、通风、背光的地方,定期检查。为了避免潮湿和防止鼠害,最好在堆下垫石垫席等。在有条件的地方,配以冷库低温贮藏,效果更好。

2. 湿藏法（或沟藏法）　在地势高燥、排水良好、背阴避风处,挖一条深1米、宽1～1.5米、长随贮藏量大小而定的贮藏沟。预先在沟底铺一层10厘米左右厚的洁净湿沙,沙的湿度以手捏成团但不出水为宜。然后放一层核桃铺一层沙,沟壁和核桃之间以湿沙充填,不留空隙。铺至距沟口20厘米左右时,再盖湿沙与地面平,沙上培土呈屋脊形,其跨度大于沟的宽度。沟的四周开排水沟,避免雨水渗入太多,造成湿度过高,致使核桃霉烂。若沟长超过2米时,在贮藏核桃对应每隔2米竖一把扎紧的稻草作通气孔用,草把高度以露出"屋脊"为度。覆土厚度随气候而定,冬季寒冷地区要培得厚些。

3. 塑料薄膜帐贮藏法　核桃在低温、低氧的环境条件下,可以延长其贮藏期限。其方法是选用0.20～0.23毫米厚的聚乙烯膜做成帐,将经过处理的核桃封入帐内贮藏。帐的大小和形状可根据仓储条件和贮藏量而定。用帐藏核桃,可使帐内氧含量很快达到2%以下。在北方地区冬季因气温低、空气干燥,一般贮藏不会影响核桃的质量变化,所以秋季入帐的核桃,不需要立即密封。从次年2月下旬开始,气温逐渐升高,此时要用塑料薄膜帐进行密封保存。密封应选择在温度低、空气干燥的时候,这样可以保持帐内较低的空气相对湿度,产品不易发生霉变等不良现象。在南方,秋末冬初季节气温较高,空气潮湿,核桃采收后便可进帐贮藏。贮藏时应适当加入吸湿剂,并尽快降低贮藏室内的温度。最好能在通风库或冷库中进行大帐贮藏。

塑料薄膜帐内通入 CO_2 气体有利于核桃贮藏,由于提高了贮藏环境中 CO_2 浓度,降低了 O_2 浓度,因而抑制呼吸,减少损耗,同时可抑制霉菌的活动,防止霉烂。当帐内 CO_2 的含量达到50%以上,O_2 在2%左右,既可防止种仁脂肪氧化变质,避免风味腐败,又能起到防止干果发霉和生虫的作用。向帐中充入氮气也有同样的效果,并可在一定程度上防止核桃衰老。

4. 防虫处理　核桃的防虫处理可用二硫化碳、溴甲烷熏蒸24小时,效果较好。其用量是:每100立方米容积使用二硫化碳15千克。有种挥发性的防腐剂氧化丙烯,也可用于密封帐内消毒杀菌之用。

第六节　其他水果

一、香蕉

香蕉是一种大型草本植物,是重要的热带水果,在我国的水果生产中占有重要的位置。我国香蕉的主产区是广东、广西、福建、海南、云南等省(区)。香蕉生产的最大特点是周年生产,四季收获,因此,香蕉采后在产地贮藏保鲜的不多,主要是解决运输销售中存在的问题。在全年的产量中,一般以下半年的夏秋季为旺季,上半年的冬春季为淡季。

(一) 品种与贮藏特性

不同品种的香蕉其耐贮藏性不同,春芽蕉、短把、油蕉3个品系的香蕉耐贮藏。香蕉有成熟和后熟两个阶段。在成熟期中主要是积累淀粉,在后熟过程中主要是淀粉水解成糖,乙烯增加,味道变甜、香，变黄脱涩。用于贮藏的香蕉宜在七八成熟时采收，成熟度过高不耐贮运，成熟度低风味差。

香蕉适宜的贮藏温度为 11℃～13℃，相对湿度为 90%～95%，气调贮藏的气体成分为氧 2%，CO_2 5%，同时加入乙烯吸收剂可显著延长贮藏期。

香蕉属于呼吸跃变性果实，果实采后常温下迅速出现呼吸跃变，采后的香蕉需经历后熟过程才能达到最佳食用状态。常用乙烯催熟，方法是：催熟间每立方米容纳 50～100 千克香蕉，保持室温 18℃～22℃，相对湿度 85%～90%，用 0.1% 的乙烯气通入房内，每小时补充 1 次乙烯气体，共 2～3 次。

（二）贮藏方法

1. 低温贮藏　低温贮藏运输是香蕉最常用、效果最好的方式。香蕉在低温贮运前最好进行预冷，以迅速除去果实所带的田间热，使香蕉能尽快降到适宜的冷藏温度，避免温度波动。一般冷藏结合薄膜包装可贮藏 60 天。香蕉冷藏的另一个关键措施是适当地通风换气，贮藏库中即使只有微量的乙烯，也会使贮藏香蕉在短时间内黄熟，以至败坏。

2. 常温贮藏　采收八成熟的香蕉，摘后立即用 500～1000 毫克/千克甲基托布津或多菌灵溶液洗果，能防止香蕉腐烂，有利于贮藏和运输。通常，在常温下可保鲜半个月至 1 个月，如配合使用乙烯吸收剂，可显著延长贮运时间。

3. 气调贮藏　生香蕉采收后装入内衬塑料薄膜袋的筐内，每袋 10 千克，放入 200 克吸透高锰酸钾溶液的碎砖块和 100 克硝石灰，扎紧袋口，贮藏在 12℃～14℃，相对湿度为 90%～95% 的通风库内，贮藏期为 25～30 天。此法利用香蕉自身的呼吸作用，降低 O_2 含量，贮藏效果比较显著。

（三）主要贮藏病害及防治措施

1. 果柄腐烂病　此病由多种真菌从伤口浸染造成果柄腐烂，果指脱落。可用 0.1% 的苯来特或噻苯咪唑在采后浸果来防治。

在采收、整理、包装、运输中减少机械伤是关键。

2. 炭疽病　初发时为细小斑点，以后逐渐扩大，最后全蕉变黑、腐烂。此病有的在田间染病，因此应做好蕉园清洁工作。在采后防止机械伤，并用 0.1% 噻苯咪唑或苯来特处理可有效地防止此病发生。

3. 低温伤害　果皮由绿变成灰色，在贮藏中要严格控制贮藏温度，避免过低。受低温伤害较轻的果实，应立即出库催熟销售，此时食用品质尚好。

4. 二氧化碳毒害　当二氧化碳含量高于 15% 时，会由于乙醇、乙醛的大量积累而使香蕉产生异味，在贮藏中应注意通风换气。

二、菠萝

菠萝原产于南美洲，我国广西、广东、海南、福建等省（区）为菠萝主产区。菠萝有卡因类、皇后类和西班牙类三大品种群。菠萝花序由 100～200 个小花聚合而成，结成小果整齐地排列在花轴上，植物学上称之为复果。菠萝果实是呼吸非跃变型果实，对低温比较敏感，易受冷害。

（一）品种与贮藏特性

菠萝属非呼吸高峰型果实，没有明显的成熟变化。菠萝果实的耐藏性与采收成熟度关系很大，成熟度愈高，耐藏性愈差，但未成熟的果实肉质坚硬而脆，缺乏果实固有的风味。用于长期贮藏的菠萝宜在果实开始成熟，整个呈青色（俗称大青过尾），且有光泽、硬度时采收。

菠萝怕热、湿、压，现有大多品种不耐贮藏，仅有皇后类的巴厘、西班牙类的武鸣以及云南一些地方土种等较耐贮藏。菠萝适宜的贮藏条件为温度：$8℃～10℃$，相对湿度：$85\%～90\%$，O_2：$3\%～5\%$，CO_2：$5\%～8\%$。打蜡可调节果实内部 O_2 和 CO_2 浓度，从而减轻果肉内部褐变。

贮藏后的菠萝需在消费前移入 $13℃～16℃$ 室内令其后熟，增进品质。一般 10 天左右可后熟。为加速后熟，可用 1000 毫克/千克乙烯在 18℃～19℃处理 3～4 天。

(二) 贮藏方法

1. **筐藏法** 适时采收后的菠萝放在阴凉通风处，进行预冷并剔除伤病烂果，在做防腐处理后装入筐内，每筐 25 千克左右，注意不能装得过满，以免压伤、挤伤果实。贮藏适宜的温度为 7℃～10℃，相对湿度为 85%～90%。贮藏温度高，黄熟期到来快，不利贮藏；温度低时，又容易造成菠萝黑心。菠萝在适宜条件下贮藏期为 20 天左右。

2. **塑料薄膜袋贮藏法** 在筐内衬塑料薄膜袋，筐底和四周垫草纸。先将果实用 500 毫克/升的萘乙酸浸渍处理，晾干后装入筐内，在其上覆盖草纸，然后封闭袋口，贮于 7℃～10℃冷库中进行贮藏，可完好保存果实 1 个月以上。

(三) 主要贮藏病害及防治措施

1. **软腐病** 病菌由伤口侵入，破坏果心和果肉组织，使之软烂。病部黄色，后变灰黑色，并有异味。在采后 5 小时内，用 10%苯甲酸的酒精溶液涂伤口处，或用 1 份苯甲酸、4 份高岭土混合的粉剂撒布在伤口上，可起防治作用。

2. **冷害** 果实受冷害后最初在接近果心的小果基部，出现暗色斑点，以后连成片，果肉组织变为黑色。可在水中加入 20%～50%的石蜡—聚乙烯制成的乳剂涂被果体及冠芽，减轻冷害。另外，在贮藏中注意控制好温度，使之不低于 7℃。

第三章 蔬菜的贮藏技术

蔬菜种类繁多，食用部分（贮藏部分）分属于植物的不同器官及不同的发育阶段和生态型。它们在长期的发育过程中形成了不同的特性，即使在同种蔬菜的不同品种间也存在很大的差异。这些特性很多都与贮藏密切相关。贮藏时，首先应根据各种蔬菜的有关特性及其发育所要求的条件，进行品种选择和适宜的栽培管理，以获得适于贮藏的健壮产品，然后创造适宜的贮藏环境，延长保鲜期。

第一节 叶 菜 类

叶菜类包括大白菜、甘蓝、生菜、菠菜、芹菜、芫荽等，其食用器官为叶片、叶球或叶柄。叶菜类的食用器官主要是叶片，而叶片不是贮藏器官，是制造营养的器官。叶菜类在采收之后，能源供应被切断，而有限的营养仍在继续被消耗，这对叶菜类的贮运保鲜最为不利。叶菜类除大白菜、甘蓝外，大多数极易腐烂失水，品质下降快，不耐贮运，但叶菜类的市场需求量较大。

一、大白菜

大白菜是我国北方栽培面积最大、贮藏量最多的蔬菜。收获后除一部分立即供应市场和加工外，绝大部分都需要贮藏以均衡市场供应。

（一）品种与贮藏特性

不同品种的大白菜耐贮性差异较大，中熟、晚熟品种比早熟品种耐贮藏，一般青帮类型比白帮类型耐贮藏，青白帮介于二者之间。按照白菜叶球形状，可以分为抱头形、圆筒形和花心形。抱头形叶球粗大、坚实，顶部叶片包含紧密，耐贮藏，京大青口、胶县大白菜、福山大包头白菜、济南大根白菜都是这种类型的优良品种。圆筒形白菜叶球细长呈圆筒形，天津青麻叶在这种类型中最为著名，该类型白菜也耐藏。

大白菜是以叶球供食用的营养贮藏器官，它是在冷凉湿润的条件下发育形成的，因此，其适宜的贮藏温度为 $-1℃\sim1℃$。贮温过高使其新陈代谢旺盛，衰老加快而腐烂。大白菜的含水量高达 $90\%\sim95\%$，贮藏中极易失水萎蔫，因此，要求贮藏环境应有较高的湿度，一般相对湿度应在 $85\%\sim90\%$。

大白菜贮藏期间的损耗主要是脱帮、失水和腐烂。在入贮初期，由于大白菜含水量很高，组织脆嫩，呼吸作用强，水分极易蒸腾，加之容易损伤而极易受微生物的浸染，如果温度过高，不仅会促进大白菜的衰老和腐烂，同时会加速大白菜叶柄离层的形成，促使大白菜脱帮，所以，控制好温度是搞好大白菜贮藏的决定性因素。此外，晾晒过度、组织过度萎蔫也会引起脱帮。一般来说，高温、高湿不利于大白菜的贮藏。脱帮、失水主要发生在贮藏前期，腐烂主要发生在贮藏后期。

(二) 贮前处理

大白菜收获后应进行适当的晾晒、整理、预贮和药剂处理，再进行贮藏。

1. 晾晒　大白菜收获后，要在田间进行适当的晾晒，达到菜体直立、外叶垂而不折的程度，一般晒菜失重约为毛菜的 10% 为宜。晾晒使外叶失去一部分水分，组织变柔软，可减少机械损伤，缩小菜体的体积，提高库容量。同时，由于失水使细胞液浓度提高，冰点下降，增强了大白菜的抗寒能力。但如果晾晒过度，大白菜失水过多，会破坏正常的代谢功能，加强水解作用，促进离层形成而导致脱帮，从而降低大白菜的耐贮性和抗病性。

2. 整理与预贮　大白菜入贮之前，要适当加以整理，剔除黄帮烂叶，但不黄不烂的外叶要尽量保留以保护叶球。在整理的同时，可进行分级挑选，以便管理。如整理后气温尚高，可在窖外进行预贮，以散去田间热。预贮期间要注意气温变化，既要防热又要防冻，一旦受冻，可在窖外缓慢解冻，然后才能入窖。受冻的菜切忌剧烈搬动，否则会使腐烂加重。入库的原则是在不受冻害前提下，越晚越好。

3. 药剂处理　针对大白菜的脱帮问题，可辅以药剂处理。收菜前 2～7 天用 50～100 毫克/千克萘乙酸处理，但处理后大白菜抗寒力减弱，烂叶也不易脱落，不便于修菜。

（三）贮藏方式

大白菜栽种面积大，商品价值低，目前我国还较少采用气调库或冷库贮藏大白菜，主要还是利用自然低温进行简易贮藏，包括堆藏、埋藏、窖藏和通风库贮藏。在河南、陕西、江苏及长江中下游一带，冬季气候温和地区，有堆贮大白菜的习惯。在北京、山东、辽宁大连、河南等地有用埋藏法贮藏的，但利用窖或通风库贮藏的占主要形式。根据大白菜在场所内的码放形式，又可分为垛藏、架藏、筐藏等形式。

1. 垛藏　将大白菜在窖内码成高近 2 米，宽为 1～2 棵菜的长条形垛，垛与垛之间的距离为 0.5 米左右，以便通风散热和贮期管理。码垛的方式有实心垛和花心垛两种。东北多为实心垛，叶梢相对根向外或根相对排列，入窖初期，后一种摆放方式为好，有利于通风降温排湿；入冬后改为前法排列，有利于保温防寒。实心垛码法简便，稳固，贮量大，但通风效果差。与实心垛相对的还有各种"花心垛"，垛内各层之间有较大的空隙，便于通风散热，但贮藏量较小。码垛的方式虽不同，但原则上应注意两点：一是堆码方便稳固而不易倒塌；二是必须留有适当的空隙，以利于通风散热。

2. 架藏和筐藏　架贮是将大白菜摆放在分层的菜架上，菜架之间间隔 20～30 厘米，每层放菜 1～2 层，贮藏效果很好。筐贮是将大白菜装筐后堆码，筐间和垛间、垛与墙壁之间、垛与窖底和窖顶之间都留有一定距离，每筐装菜 15~20 千克。

(四) 管理技术要点

大白菜贮藏后的管理以通风和倒菜为主。通风是引入外界冷凉干燥的空气，借以保持窖内适宜的温度和湿度。倒菜是翻动菜垛，改变菜体放置的位置，使垛内得以充分的通风散热，并清理菜体，摘除烂叶。由于贮期不同，以及贮藏条件和大白菜品种不同，在不同时期应采取不同的管理方法。下面以北方窖贮为例，说明各贮期的管理技术要点。

1. 前期管理　从入窖到冬至为贮藏前期。此期的特点是气温较高，窖温常常超过 0℃，大白菜新陈代谢旺盛，产生的呼吸热多，极易热伤。此期要求通风量大、时间长，使窖温尽快下降并维持在 0℃ 左右。一般在入窖初期可昼夜开放通风口，必要时辅以机械鼓风，但要随时观察窖温变化情况，当外界气温下降时，可逐渐减少通风量和通风时间。此期倒菜要勤，目的是通风散热，降低窖温，避免大白菜热伤脱帮。

2. 中期管理　从冬至到立春为贮藏中期。此期是一年中最冷的季节，这时菜温和窖温都已降低，由于外界温度很低，管理中应以防冻为主。大量通风时最好在中午，目前一般都采用放"细长风"，通风时间根据窖温来定。此期倒菜次数可减少，倒菜时剔除黄帮烂叶。

3. 后期管理　从立春以后进入贮藏后期。此期气温逐渐回升，而且变化很大，常常是"三寒四暖"。窖温在气温的影响下，虽然总的趋势是逐渐回升，但也会出现明显的高低波动，这时菜体的耐贮性和抗病性已明显降低，易受病菌浸染而腐烂。此期管理以尽量维持稳定低温、防止窖温回升为原则。注意气温的变化情况，尽量以夜间通风为主，增加倒菜次数，剔除黄帮烂叶，防止腐烂。由于此期贮藏量已减少，应降低垛高。

（五）主要贮藏病害及防治措施

软腐病是大白菜的主要贮藏病害。在田间可严重影响收成，在贮运期间可导致严重腐烂损耗。贮藏期间感病的大白菜，有的从外部叶片向里扩展腐烂，有的自叶帮基部向里扩展，腐烂部分有很多黄色黏稠物，最后发生恶臭，全部烂掉。该病在田间即可发病，包心以后多雨，往往发病严重。贮运期间，由于与病株的接触以及通过伤口传染而发病腐烂，贮藏期间如缺氧，则发病更为严重。

防治方法：

1. 搞好田间病虫害的防治工作　如在发病初期，用75%敌克松1000倍液或农用链霉素200毫克/升，在收获前用1000倍液50%扑海因可湿性粉剂喷施等，可收到良好的效果。

2. 采后适当晾晒　贮运期间尽量减少机械伤。

3. 采取预冷及通风措施　迅速散发田间热，降低大白菜的温度，使中心温度在5℃以下。

二、甘蓝

甘蓝又称为卷心菜、包心菜、莲花白等，在我国各地都有栽培，产量较大，是较耐贮藏的蔬菜品种之一。

（一）品种与贮藏特性

甘蓝的品种按照叶球的形状可分为尖头、圆头和平头类型。尖头和圆头类型多为早熟和中熟品种，如南方的小鸡心、北方的大牛心、金早生、北京早熟等。平头类型多为中熟和晚熟品种，如黑叶小平头、大平顶、张家口茴子白等。用于贮藏的甘蓝要选择晚熟、结球紧实、叶球外层叶片粗厚坚韧并有一层蜡质、品质优良的品种。

甘蓝虽属于叶菜类蔬菜，但它有强迫休眠期。为此，只要掌握好贮藏条件，可使其呼吸代谢降至最低程度。与大白菜相比，甘蓝含水量低，干物质含量高，外叶附有蜡粉，包球紧实，所以抗寒力强，其收获和入库期可稍晚，收获时要保留1～2层外叶，以保护叶球免受机械损伤和病虫侵入。采收后可进行适当晾晒。

甘蓝适宜的贮藏条件是：温度0℃～1℃，相对湿度90%～95%，O_2 3%～5%，CO_2 5%～6%。

（二）贮藏方式

1. 假植贮藏　甘蓝包心不够充实的晚熟品种可采用假植贮藏。收获前，挖一长方形沟，长宽视贮藏量而定。收获时将甘蓝连根拔起，保留外叶，适当晾晒，使外叶稍微萎蔫，然后使菜根朝下紧密排列在沟内，再向沟底浇少量水，菜体上面覆一些甘蓝叶片，以后随气温下降分次覆土。甘蓝覆土时力求均匀，太薄易受冻，太厚则易热伤，至气温最低时，总覆土厚度应在20～30厘米。这样，外层叶的营养可继续转移到叶球上，使叶球充实。为了防止贮藏期叶片的脱落，可把甘蓝连根带泥囤在阳畦或秧棚内假植。

2. 沟藏　选择地势高燥、排水通畅的地方，挖一深0.8～1.0米、宽1.5～2.0米的沟，长度视贮藏量而定。甘蓝一般在沟内堆放2～3层，第1层菜根朝下，第2层菜根朝上，再上以此类推。堆放时，为避免沟内甘蓝热伤和便于随时检测沟内温度，可每隔2～3米埋一通风筒和测温筒。堆放完毕，先盖干草，以后随气温下降再覆干土，以防雨水渗入。沟面覆盖物的厚度以保持沟内温度在0℃～2℃为宜，覆土应高于地面，并在两边挖一排水沟，以防沟内积水而造成腐烂。

3. 冷藏　选择包心坚实的叶球，把根削平，适当留一些外叶，装箩筐入冷库存放，或将甘蓝放在冷库内的菜架上，每层堆放2～3个菜的高度。堆放箩筐时，要保证箩筐之间、菜垛之间以及垛与地面、墙壁之间留有一定空隙。另外，菜与冷风机的距离应在1.5米以外。贮藏期间控制库温在0℃～1℃，相对湿度90%左右。用该法贮藏的菜，质量新鲜，损耗较少。在冷库中，也可采用简易气调贮藏，控制O_2浓度在3%～5%，CO_2在5%～6%，对延缓甘蓝衰老，防止失水、失绿、脱帮、抽薹、根部长须都有一定的效果。用此法贮藏甘蓝100天后,外叶略黄,球心发白,未发现抽薹、腐烂等劣变现象。

三、菠菜

菠菜原产于西亚,是我国栽培面积较大的一种绿叶菜,也是华南地区秋、冬、春季的重要蔬菜之一。菠菜主要以地上部茎叶作为食用,质地柔嫩,甜滑可口,营养价值很高,含丰富的胡萝卜素、维生素C、维生素A和铁等。

(一)品种及贮藏特性

菠菜主要有尖叶型和团叶型两大类。一般而言,圆叶品种耐寒性较差,故不耐贮藏,尖叶品种耐寒性强,适于较长期贮藏。圆叶型和尖叶型杂交种既丰产又耐寒,是贮藏的优良品种,如黑龙江双城菠菜、唐山牛舌菠菜、山东大叶、沈阳快菠菜和北京红头菠菜等。

菠菜常温下呼吸作用旺盛,产生大量呼吸热,极易脱水萎蔫、黄化和腐烂,不耐贮藏。菠菜耐寒性很强,地上营养器官可忍受-9℃低温,因此菠菜保鲜适用冻藏(北方)和低温贮藏。

菠菜的参考贮藏条件为温度:-1℃~0℃;气体成分:O_2 2%~4%,CO_2 2%~5%;相对湿度:90%~95%。

(二)贮藏方式

1. 简易贮藏方式　菠菜的简易贮藏方式主要有冻藏和暖藏。

(1)冻藏　一般是在荫障北侧遮阴范围内,与荫障平行挖冻藏沟贮藏。根据挖沟的宽窄可大致分为窄沟贮藏法和宽沟贮藏法。窄沟法(20~30厘米宽)不设通风道,宽沟法(1~2米)须在沟底挖1~3条通风道,通风道的两端露出地面,冻藏沟的深度约与菠菜的高度相等或稍浅。宽沟法应先在通风道上横铺单层秫秸,当气温稳定在-4℃以下时,将预贮菠菜捆把,直立或斜立摆放沟内,然后在其上覆盖薄土或秫秆,随着气温的降低,要逐次加厚覆盖物,尽量维持沟内温度在-6℃~0℃。在辽宁新立屯、海城等地,一般可贮藏至来年3~4月份。冻藏的菠菜上市前3～5天应从冻藏沟拿出，置空闲冷室或菜棚内，在0℃～2℃低温下缓慢解冻，特别提醒解冻过程绝不能在高温下进行。

(2) 暖藏　使菠菜维持在冰点附近的低温下而不使其有明显的冻结称为暖藏。暖藏方法和冻藏基本一致，只是贮藏沟稍宽、稍深，覆盖也较厚。要求十分精细管理，适时添加覆盖物，使沟内温度尽量维持在-2℃～0℃的范围，此时菠菜保持似冻非冻状态。暖藏的菠菜上市前无需解冻。

2. 薄膜袋包装气调冷藏　这是一种简便易行，目前在生产上广泛应用的方法。具体做法是：采用0.07毫米厚规格为1000毫米×750毫米的聚乙烯袋，袋装菠菜10千克（带短根、捆成0.5千克的小把），扎紧袋口，分层摆放在冷库的菜架上，库温-1℃～0℃。当袋内氧降到11%～12%、CO_2升到5%～6%时，应及时开袋放风，时间2～3小时。也可采用聚氯乙烯调气透湿袋，袋装量5千克，采取统一松扎口法，即扎口时先在袋口插入1根直径25厘米的圆棒，口子扎紧后再将棒子抽取。贮藏期为2～3个月，商品率在80%以上。

四、芹菜

(一) 品种及贮藏特性

芹菜的食用部分，主要是肥嫩的叶柄。我国栽培的芹菜可分为本芹和西芹两种。各地目前仍然以种植本芹为主。本芹按叶柄颜色，分为绿、白两种，依照叶柄充实程度，又有空心与实心的区别。一般来说，实心色绿的芹菜品种耐寒力较强，较耐贮藏，经过贮藏后仍能较好地保持脆嫩品质，如天津白庙芹菜、开封玻璃脆、陕西的实杆绿芹等，是丰产、耐藏的优良品种；空心类型品种贮藏后叶柄变糠，纤维增多，质地粗糙，故不适宜贮藏。

芹菜喜冷凉湿润，比较耐寒，可以在-2℃～-1℃下微冻贮藏，低于-2℃时易遭受冻害，难以复鲜。芹菜也可在0℃恒温贮藏。蒸腾萎蔫是引起芹菜变质的主要原因之一，所以，芹菜贮藏要求高湿环境，以相对湿度在98%～100%为宜。气调贮藏可以降低腐烂和延缓褪绿,一般认为适宜的气调条件是:温度为$-1℃\sim 0℃$,相对湿度$90\%\sim 95\%$;O_2 $2\%\sim 3\%$,CO_2 $4\%\sim 5\%$。

贮藏用芹菜要适时采收,最忌霜冻,遭霜冻后芹菜叶子变黑,耐贮性大大降低。通常东北地区约在"霜降"前后,华北、西北地区在"小雪"前后,一般掌握在外界最低气温接近0℃时收获。收获时用铁锹将芹菜逐棵带浅根铲起,修整后进行贮藏。除假植的芹菜需要带根外,其他方式贮藏的芹菜都要从茎盘基部将根切掉。

(二)贮藏方式

1. 简易贮藏　主要是微冻贮藏和假植贮藏。

(1)微冻贮藏　芹菜的微冻贮藏各地做法不同。山东潍坊地区的经验做法是:先在荫障北侧建地上式冻藏室,窖的四周用夹板填土打实成土墙,厚0.5～0.7米、高1米。打墙时先在南墙的中心每隔0.7～1米立1根直径约为10厘米粗的木杆,墙打成后拔出木杆,使南墙中央成一排垂直的通风孔。然后在每个通风孔的底部通过窖底挖深、宽各约30厘米的通风沟,穿过北墙在地面开进风口。通风沟上面铺两层秸秆和一层细土,将芹菜捆成5～10千克的捆,根向下斜放窖内,装满后盖上一层细土,以菜叶似露非露为度。白天盖上草苫,夜晚取下,放在北墙外"接霜",次晨再盖上以利保温。覆土视气温变化而定,总厚度不超过20厘米。气温在$-10℃$以上时,可开放全部通风系统,$-10℃$以下时要堵死北墙外的进风口,使冻藏沟的温度控制在$-2℃\sim -1℃$,最低不低于$-3℃$。菜叶间呈现出白霜,但叶柄不冻。

一般芹菜在上市前3～5天进行解冻。将芹菜从冻藏沟取出放在$0℃\sim 2℃$下缓慢解冻,使之恢复新鲜状态。也可以在出窖前5～6天拔去南侧的阴障改设为北风障,再在窖面上扣上塑料薄膜,将覆土化冻层铲去,留最后一薄层土,使窖内芹菜缓慢解冻。

(2) 假植贮藏　在北京、天津、太原、辽宁等地有所采用，效果较好。假植沟宽、深 0.7~1.5 米，长度根据贮藏量而定。将芹菜带土连根铲下，以单株或成簇假植于沟内，然后灌水淹没根部，以后视土壤干湿情况可再灌 1~2 次水。为方便于沟内通风散热，每隔 1 米左右，在芹菜间横架一束秸秆，或在沟帮两侧按一定距离挖直立通风道。芹菜入沟后用草帘覆盖，或在沟顶做成棚盖然后覆土，留通风口，以后随气温下降增厚覆盖物，堵塞通风道。整个贮藏期维持沟温在 0℃ 或稍高，勿使受热或受冻。

2. 冷库贮藏　冷库贮藏芹菜，库温控制在 0℃，相对湿度 98%~100%。芹菜可装入打孔聚乙烯膜衬垫的板条箱或纸箱内，也可以装入开口的塑料袋内，以保证高湿而减少失水，又可避免 CO_2 积累伤害或低氧伤害。

3. 小包装气调贮藏　哈尔滨、沈阳等地采用在冷库内将芹菜装入塑料袋中简易气调的方法贮藏芹菜，其简要工艺为：适时无伤采收→剔除伤病残植株、摘除黄叶→剪根（留 2 厘米左右）→捆把（0.1~1 千克/捆）→及时入库上架预冷（-1℃~0℃，24~48 小时）→装袋（新型果蔬调气透湿袋或聚乙烯保鲜袋，规格为：长 1000~1100 毫米、宽 650~750 毫米、厚 0.06~0.07 毫米，每袋装量 10~15 千克）→扎紧袋口→适时开袋放气（O_2 不低于 2%，CO_2 不高于 6%）→恒定库温 -1℃~0℃。此法可贮藏芹菜 3~4 个月，商品率达 85% 以上。

激素辅助处理对芹菜保鲜有良好效果，如赤霉素、6-苄基腺嘌呤对延缓芹菜叶片衰老和失绿效果不错。赤霉素的使用方法是：芹菜采前 1~2 天，用 30~50 毫克/升的赤霉素田间喷洒植株或采后当天至次日在室内喷洒植株，晾去水滴并达到预冷要求后，装保鲜袋贮藏，技术同上。

五、香菜

香菜又名芫荽，是一种辛香类蔬菜。食用部分为鲜嫩茎叶，我国北方春夏秋三季都有香菜栽培，以秋栽冬收的品质最佳，因市场需求量大而贮藏价值高。

(一) 品种与贮藏特性

香菜有大叶和小叶两个品种。大叶品种植株高,叶片较大,缺刻浅而少;小叶品种植株较矮,叶片较小,缺刻深,但香味较浓、耐寒性、适应性强,产量较低。香菜组织柔软,叶片又小又碎。采后呼吸作用、水分蒸发作用较旺盛,耐寒性较强,可进行冻藏,也可用冷库简易气调贮藏。香菜收获前5~7天要停止浇水,选植株较大,生长健壮,叶厚色深者,带根收获,采收应在晴天无露水时进行。

香菜耐寒力强,可像菠菜一样采用微冻贮藏,受冻后经缓慢解冻,仍新鲜如初。贮藏温度偏高和波动易引起腐烂和黄化。香菜适宜的贮藏条件为:温度0℃~2℃,相对湿度90%~95%。

(二) 贮藏方法

1. 冻藏　东北各地多采用地沟冻藏,一般在避风遮阳处,挖一个宽70~100厘米、深30~70厘米的地沟。在地沟底顺沟长方向挖1~3条宽、深各20~25厘米的通风道,通风道两端穿过沟的两端到地面上,通风道上面可稀疏放些单层秸秆,把香菜放在上面贮藏。采收的香菜去掉泥土,摘去黄叶,1~1.5千克捆成把或散放在沟内,根向下,香菜可排放10~35厘米厚,叶面撒一层沙土或沟面铺一层秸秆,以后随气温下降,分2~3次加覆土,覆土总厚度为20~25厘米。严寒的季节可在上面加盖草,沟内温度维持在-5℃~-4℃,使香菜叶片冻结,根部不冻为宜,此法可贮藏到翌年2月底,香菜起出后要缓慢解冻。

2. 冷藏　选择棵大、粗壮、无黄叶、烂叶的香菜,收获时留根1.5~2厘米长,捆成0.5千克的小捆,在库温0℃预冷12~24小时,然后装入长1米、宽0.85米、厚0.08毫米的聚乙烯塑料袋内,每袋装8千克,扎袋时将2厘米粗的木棒插入袋口,扎紧后再抽出木棒,将口边卷起。贮藏期间,不用开袋放风,温度恒定在0℃,这种方法可将香菜贮藏到翌年5月,效果很好。

六、韭菜

韭菜原产我国,具有悠久的栽培历史。韭菜既是一种营养丰富的蔬菜又有良好的药效,根据《别录》《本草纲目》《草本集注》等记载,韭菜可归心、安五脏、除胃中热,可补中、益肝、散滞导淤。

(一) 品种与贮藏特性

韭菜可食用部分是柔嫩多汁的叶子和嫩花茎,是多年生宿根植物,性耐寒,地下根茎在外界气温－40℃的条件下也能安全过冬,开春嫩叶又能迅速萌发。韭菜喜中性光照,如光照过强,细胞壁易木质化,柔嫩叶片组织变纤维化,品质下降;而在缺光下,虽妨碍了叶绿素的形成,但新生的叶身叶鞘纤维少,品质鲜嫩,因此软化栽培的"韭黄"也深受喜爱。

韭菜品种繁多,我国栽培的品种主要有宽叶韭和窄叶韭 2 种类型。宽叶韭叶片宽厚,色绿而较浅,质地柔嫩,纤维少,香味稍淡。窄叶韭,叶片细长,色绿而较深,香味浓,纤维稍多。韭菜采后的主要问题是失水、萎蔫、发热、变黄及腐烂。因而,采后的快速预冷和低温对韭菜的贮藏保鲜尤为重要。韭菜的贮藏期较短,一般为 15~20 天。

(二) 贮藏条件

韭菜是多年生蔬菜,在北方地区除冬季凋萎休眠外,其他季节随时都在生长,也随时可收获。一般春秋气候凉爽,味美鲜嫩;而夏季高温,品质变劣。韭菜收割次数不宜过多,否则不利于下年的生长,根据环境条件和韭菜年龄,一般 1 年收割 3~4 次较好。

韭菜适宜的贮藏条件为:温度 0℃,相对湿度 90%~95%。

(三) 贮藏方法

1. 短期贮藏　韭菜收割后要进行整理,除去泥土、黄叶,摘除叶尖的焦头,理成把,每把 0.25 千克左右,用辫绳或稻草捆成把,放在筐中,每筐 10 千克左右。在 0℃~5℃冷库中预冷 24

小时。预冷后的韭菜,装入0.03毫米厚的聚乙烯塑料袋中,每袋装0.5~1千克,然后装入筐或箱中,折口或松扎袋口,在0℃的冷库中可贮存10~15天。

2. 长期贮藏 利用阳畦、温床土窖、温室等场地,通过密集地假植来获得组织细嫩的韭黄,可以达到长期贮藏的目的。一般是在入冬前,先将贮藏的韭根运到温室,使其解冻,然后将韭根理顺,整齐地囤紧。根据韭根的强弱,韭黄生长过程中对水分及温度的要求确定浇水间隙和水量,促进根中贮存的营养物质的转化。当韭黄生长达30厘米时便可收获,若生长过高则易倒伏烂叶,韭黄生长期较短,从囤韭到第1茬收割时需16天左右。第2茬只需14天左右,此时质量最佳,叶宽且整齐。而第3茬又需16天左右,以后几茬生长变慢,产量也低,每茬需时20天左右。

第二节 根 茎 类

一、萝卜和胡萝卜

萝卜原产于我国,胡萝卜原产于中亚细亚和非洲北部,性喜冷凉多湿的环境条件,我国南北方均有栽培,是重要的秋贮菜,特别在北方地区,贮量大、贮期长,在调剂冬春蔬菜种类上发挥着重要的作用。萝卜是我国北方除大白菜以外栽培最普遍的冬菜之一,一般10~11月份开始大量上市,一直可供应到次年的3~4月间,贮藏期限可长达半年左右。胡萝卜的栽培远不如萝卜普遍,但它愈来愈为人们所关注,已经成为许多地区栽培的重要蔬菜种类,冬春季主要依靠贮藏而陆续供应市场。

(一) 品种与贮藏特性

萝卜和胡萝卜均以肥大的肉质根供食,萝卜的肉质根主要是由根的次生木质部薄壁细胞组成;胡萝卜除次生木质部外还包括次生韧皮部薄壁组织,这些薄壁组织富含水分、糖分和其他营养成分。萝卜和胡萝卜没有生理休眠期,在贮藏中条件适宜便萌芽抽薹，使薄壁组织中的水分和养分向生长点转移，从而造成糠心。糠心是由根的下部和根的外部皮层向根的上部和内层发展的。贮藏时由于空气干燥，促使蒸腾作用加强也是造成薄壁组织脱水变糠的原因之一；贮温过高以及机械损伤都能促使呼吸作用加强，水解作用旺盛，使养分消耗增大，也能促使糠心。萌芽与糠心不仅使肉质根失重，糖分减少，而且使组织绵软，风味变淡，降低食用品质。所以，防止萌芽和糠心是贮藏好萝卜和胡萝卜的首要问题。

贮藏温度高、湿度低，不单因萌芽和蒸腾失水导致糠心，而且也增大自然损耗。环境湿度对减少萝卜的贮藏损耗十分重要。如果相对湿度相同，则贮温越高损耗越大。直根类的皮层虽然相当厚，但表面缺乏蜡质、角质等成分的保护层，因而保水力弱，容易蒸发失水，所以，根菜类贮藏必须保持低温、高湿的条件。另外，根菜类又不能受冻，贮藏温度不能低于 0℃，通常贮藏温度为 0℃～3℃，相对湿度约为 95%。

萝卜和胡萝卜的组织特点是细胞和细胞间隙都较大，因此，具有高度的通气性，并能忍受较高浓度 CO_2（8%左右），这同肉质根长期生活在土壤中形成的适应性有关。从萝卜和胡萝卜的这些贮藏特性来看，它们可采用密闭贮藏方式，适合沟藏、窖藏等埋藏以及气调贮藏。

(二) 贮藏方式

萝卜、胡萝卜主要采用沟藏和窖藏，近年来在各大城市开始推广通风库和冷库贮藏，气调贮藏也开始在生产上应用。

1. 沟藏　操作简便，经济，且能满足直根类对贮藏条件的要求，仍然是当前的主要贮藏方式。各地用于直根类的贮藏沟，一般宽 1～1.5 米，沟的深度应比当地冬季的冻土层再稍深一些。以北京地区为例，1～3 月，1 米深处的土温平均在 0℃～3℃，大致接近萝卜、胡萝卜贮藏所要求的适温；11 月及 12 月的温度较高，可通过调节覆土厚度来降低沟内的温度；4 月气温急速升高，表土温度也升到10℃以上，而1米深处的土温却变化缓慢，平均还在7℃以下，所以，北京地区的萝卜沟深度多为1~1.2米。沈阳地区冻土层厚1~1.2米，沟深为1.6~1.8米。由北方到南方，沟深渐减，陕西关中地区和济南约1米，开封、徐州一带约0.6米。

贮藏沟应设在地势较高、水位低而土质黏重、保水力较强的地段。一般沟呈东西走向，将挖起的表土堆在沟的南侧，起遮阴作用。底土较洁净，杂菌少，供覆盖用。利用土堆遮阴，在贮藏前期、中期均能起到良好的降温和保持恒温的效果。萝卜、胡萝卜可以散堆在沟内，最好与湿沙层积，有利于保持湿润并提高直根周围的CO_2浓度。直根在沟内的堆积厚度一般不超过0.5米，以免底层产品热伤。下窖时在萝卜面上覆一薄土层，以后随气温降低分次添加，最后约与地面齐平。必须掌握好每次覆土的时期和厚度，以防底层温度过高或面层产品受冻。

萝卜、胡萝卜要求湿润的环境，才能充分保持细胞的膨压而呈现新鲜状态。对于胡萝卜和某些品种的萝卜，用湿润的土壤覆盖及湿沙层积即可。萝卜的大多数品种，特别是生食用的脆萝卜，常常需要向沟内浇水以补充土壤原有湿度的不足。浇水的次数和多少，依萝卜的品种、土壤的性质和干湿程度而定。浇水要求萝卜周围长期保持均匀的湿润状态，切忌底层积水引致腐烂而上层仍过于干燥。

2. 窖藏和通风库贮藏　棚窖和通风库贮藏根菜也是北方各地常用的方法，贮量大，管理方便。产品在窖内或库内散堆或码垛，堆不能过高，否则堆内温度升高易腐烂。一般萝卜堆高1.2~1.5米，胡萝卜堆高0.8米。为增进通风散热效果，可在堆内每隔1.5~2米设一通风口。贮藏中一般不翻动，立春后可视贮藏状况进行全面检查，除去病腐菜。在窖或库内用湿沙土与产品层积要比散堆效果好，便于保湿并积累CO_2。萝卜、胡萝卜不抗寒，入窖时间应在大白菜之前，以防霜冻，用通风库贮藏常会因温度过低而造成冻害。

3. **塑料薄膜密闭冷库贮藏**　利用气调贮藏原理,在冷库内采用塑料薄膜半封闭方法贮藏萝卜和胡萝卜,可有效抑制脱水和萌芽。先在库内将萝卜或胡萝卜堆成宽 1.0~1.2 米、高 1.2~1.5 米、长 4.0~5.0 米的长方形堆,预冷结束后用塑料薄膜帐子罩上,底部不铺薄膜,称半封闭贮藏。此方式可以适当降低 O_2 浓度,累积 CO_2,保持高湿,延长贮藏期到 5~6 月。贮藏中可定期揭帐通风换气,必要时进行检查挑选,除去感病的菜。

二、马铃薯

马铃薯又名土豆、洋芋、山药蛋等。它是茄科 1 年生植物,原产于南美高山地区。马铃薯在我国种植面积很广,以山西、黑龙江、甘肃、内蒙古等地产量较大。有些地区如内蒙古是以马铃薯作为主要食粮之一,同时,它还是制造酒精、淀粉、糖浆等的重要原料。

（一）品种与贮藏特性

马铃薯的食用部分是肥大的块茎,收获后有明显的生理休眠期。马铃薯休眠期一般在 2~4 个月,因品种而有差异。在休眠期,马铃薯的新陈代谢过程减弱,抗性增强,即使处于适宜的条件下,也不会萌芽生长。贮藏温度会影响到休眠期的长短,马铃薯在 4℃下比在 28℃~30℃下贮藏休眠期长,特别是贮藏初期的低温对延长休眠期十分有利。贮藏环境的湿度对贮藏效果也有直接影响,湿度过高容易造成致腐菌大量生长而引起腐烂;湿度过低则又会导致马铃薯失水量增大、新鲜度下降、失重增多。一般马铃薯贮藏的适宜温度为 3℃~5℃,相对湿度为 80%~85%。

光能促使萌芽,增加薯块内茄碱苷含量。正常薯块的茄碱苷含量不超过 0.02%,对人畜无害;但薯块照光后或萌芽时,茄碱苷急剧增加,对人畜的毒害作用急剧增强。因此,马铃薯贮藏时应尽量避免光照。

(二) 贮藏方法

夏季收获的马铃薯，正值高温季节，收后可将薯块放到阴凉通风的室内、窖内或阴棚下堆放预贮。薯堆一般不高于0.5米、宽不超过2.0米，并用草帘遮光，时间一般不超过10天。马铃薯的贮藏方式很多，从各地秋收冬贮的实践效果看，以上海、南京等地的堆藏，山西的窖藏，东北的沟藏较为成熟。另外，有条件的地方对马铃薯进行冷藏，效果会更好。

1. 堆藏　选择通风良好、场地干燥的库房，用福尔马林和高锰酸钾混合后进行喷雾消毒，2~4小时后，即可将预贮过的马铃薯进库堆藏。一般每10平方米堆放7500千克，四周用板条箱、箩筐或木板围好，中间可放一定数量的竹制通气筒，以利通风散热。这种堆藏法只适于短期贮藏或秋作马铃薯的贮藏。生产中应用较多的堆藏法是以板条箱或箩筐盛放马铃薯，采用"品"字形堆码。

2. 沟藏　东北地区的马铃薯一般在7月下旬收获，收后预贮在阴棚或空屋内，直到10月份下沟贮藏。一般沟深1~1.2米、宽1~1.5米，长度不限。薯块堆至距地面0.2米处，上面覆盖挖出来的新土，覆土厚约0.8米。覆土要随气温的下降分次覆盖。

3. 窖藏　西北地区土质黏重坚实，适合建窖贮藏。通常贮藏马铃薯用井窖和窑窖，每窖的贮藏量可达3000~3500千克。由于只利用窖口通风调节温度，所以保温效果好，但不易降温。因此，在这类窖中薯块不能装得太满，并注意初期应敞开窖口降温。窖藏过程中，由于窖内湿度较大，容易在马铃薯表面出现"发汗"现象。为此，可在薯堆表面铺放草毡，以转移出汗层，防止萌芽和腐烂。

4. 通风库贮藏　各城市菜站多用通风库贮藏马铃薯。块茎堆高不超过2.0米，堆内放置风塔。有的将马铃薯装筐堆叠于库内，通风效果及单位面积容量都能提高。也有在库内设置木板贮藏柜，通风好，贮量大，但需木材多，成本高。不管采用何种贮藏方式，薯堆周围都要注意留有一定空隙以利通风散热，以通风库的体积计算，空隙不得少于1/3。

5. 冷藏　冷藏马铃薯是各大、中城市使用较多的方法。薯块入库前，必须经过严格挑选和适当预冷。装箱入库后，库温应维持在2℃~4℃的范围内。在贮藏过程中，通常每隔1个月检查1次，若发现变质者应及时拣出，防止感染。堆垛时垛与垛之间应留有过道，箱与箱之间应留间隙，以便通风散热和人员检查。

马铃薯贮藏中的主要问题是防止发芽。低温贮藏是防止马铃薯发芽的有效措施，但在利用自然降温的简易贮藏场所贮藏马铃薯时，始终保持4℃的低温较困难，所以应配合青鲜素（MH）、萘乙酸甲酯或氯苯胺灵（CIPC）等药剂处理。青鲜素的使用方法是，在马铃薯采收前约3周，以0.2%~0.25%的浓度喷洒马铃薯植株。萘乙酸甲酯和氯苯胺灵是采后使用的药物，应在马铃薯休眠期使用，一般是马铃薯收获后两个月左右（休眠期内）用药剂处理较为适宜。萘乙酸甲酯的使用方法是用400~500克98%的萘乙酸甲酯溶解2倍量的丙酮中，然后拌入20~30克的细土中，待丙酮挥发后均匀地撒到10吨的薯堆中。氯苯胺灵的使用方法是，以每1000千克薯块使用氯苯胺灵1.4~2.8千克，直接撒播在薯堆中，上面覆盖塑料布，1~2天后打开。

用辐射处理马铃薯也有明显的抑芽作用，是目前贮藏马铃薯抑芽效果最好的一种技术。辐射处理时间一般是在收获后2~3个月，如收获后马上照射，易引起薯块褐变，常用辐射剂量为0.8~1.5的千戈瑞。

（三）主要贮藏病害及防治措施

马铃薯在贮藏时易发生多种浸染性病害。

1. 环腐病　薯块在田间由棒状杆菌马铃薯环腐细菌浸染，在贮藏期发病蔓延。该病害多由伤口侵入，不能从自然孔道浸染。

2. 晚疫病　又称马铃薯瘟，它是全株性病害，主要从田间带菌（疫霉属病菌），在贮藏期发病。

3. 坏疽病　也是浸染性真菌病害，它在5℃干燥条件下腐烂率最高，在贮藏期间可用仲丁胺熏蒸抑制。

这些贮藏病害主要是从伤口浸染的，因此搞好田间管理、避免机械损伤、保持较低贮温、经常进行通风换气，对马铃薯贮藏期间多种病害的发生均有抑制作用。

三、洋葱

洋葱又名球葱、玉葱、葱头，属于2年生蔬菜，在植物学上属石蒜科，食用部分是肥大的鳞茎。洋葱原产于亚洲西部，现栽培种类很多，分布地区很广，从南到北，一年四季均有栽培。洋葱营养丰富，含有大量的无机盐、挥发油、碳水化合物和其他人体必需的物质，如含有能增强人体免疫能力的维生素A、维生素C和蒜氨酸等。另外，其鳞茎和管叶中含有油脂状的挥发性硫化丙烯即蒜素，这种物质气味辛辣，具有杀灭葡萄球菌等多种病菌的功能，可用来预防和治疗很多疾病，还有增进食欲的功效。洋葱可生食，做汤，还是一种很好的调味品，深受消费者喜爱。

（一）品种与贮藏特性

我国栽培的洋葱为普通洋葱，按皮色分为黄皮、红（紫）皮及白皮三类，按形状分为扁圆、凸圆两类。其中以黄皮类型品种品质好、休眠期长、耐贮藏，如天津黄皮、辽宁黄玉等。黄皮洋葱中的扁圆种比凸圆种耐贮藏，一般认为辣味淡的品种耐贮藏。洋葱也是具有生理休眠期的蔬菜，休眠期一般为1.5~2.5个月。通过休眠期后，如遇高温、高湿条件就会发芽。此外，在贮藏中如晾晒不够，遇到高湿环境，虽不发芽，但会发根（长白须），发根后有利于霉菌繁殖，进而造成腐烂，因此，贮藏洋葱要求低温和低湿条件。洋葱因外层鳞片膜质化后，起到保护作用，较耐CO_2。低氧对抑制洋葱发芽有明显作用，一般认为3%~6%的O_2和8%~12%的CO_2，对抑制洋葱发芽效果较好。

洋葱适宜的贮藏条件为温度：-1℃~0℃；气体成分：

O_2 3%~5%，CO_2 5%~8%；相对湿度：70%~75%。

(二) 贮藏技术要点

适时采收对洋葱贮藏很重要，当洋葱约有 1/3 的管叶变黄，地上部假茎开始倒伏，鳞茎外部表皮干枯并呈现出品种特有的颜色，根群开始枯死，应立即收获，收获过早或过晚对贮藏都不利。

收获后的洋葱要充分晾晒，一般就地将洋葱放在田埂上，叶朝下呈覆瓦状排列，晾晒 2~3 天翻动 1 次，再晒 2~3 天，至叶子发软变黄、假茎变软时，用叶子编成辫子继续晾晒，直至叶子和假茎干透即可贮藏。也可不编辫，将叶子切去，待葱头晒至外层鳞片干缩成膜质时即可贮藏。

采前田间喷洒 0.25% 的青鲜素水溶液，每亩喷药液 50 千克，如果喷药后 1 天内遇雨，应重新喷施，此法对抑制贮藏期洋葱发芽较为有效。用 γ 射线照射，剂量为 0.03~0.12 千戈瑞，对抑制洋葱发芽相当有效。

(三) 贮藏方式

洋葱贮藏可分为简易贮藏和冷库贮藏。

1. 简易贮藏　在产地少量贮藏时，可采用挂藏。京、津、唐地区常采用垛藏，方法是以枕木做垫衬，其上铺席、苇帘等材料，将编辫晾干的洋葱交叉摆放成长方形垛，一般长 5~6 米，宽、高约 2 米，垛顶覆盖 3~4 层苇席，四周围 2 层苇席，用绳子横竖绑紧，防止日晒雨淋，并保持通风干燥环境。贮藏初期可视天气情况倒垛 1~2 次，10 月下旬后，应注意及时加盖草帘防寒、防冻，严冬季节，要转入通风库贮藏。

2. 冷库贮藏　冷库贮藏洋葱效果很好，基本上不发芽，腐烂也很少，方法是将去叶且充分晾晒的洋葱，在其结束休眠期以前，装入编织袋或网袋，在冷库中堆码或上架贮藏，控制库温在 −1℃~0℃，相对湿度在 75% 左右。

第三节 果菜类

根据采收成熟度不同，果菜类可以分为采收时未成熟的果菜类和成熟果菜类。未成熟果菜类以幼嫩果实或种子供菜用，包括豆类（豆角、豌豆、蛇豆等）、瓜类（黄瓜、苦瓜、西葫芦、丝瓜、佛手瓜）、茄属类（茄子）等。成熟果菜类要求达到理想的成熟度，充分体现自身的品质特性，包括瓜类（南瓜、冬瓜等）、茄属类（番茄、红椒、青椒）。多数果菜类原产于热带和亚热带地区，易发生低温冷害，一般不宜长期贮藏，但也有例外，如南瓜。

一、番茄

（一）品种与贮藏特性

番茄原产于南美洲热带地区，性喜温暖。用于贮藏的番茄，一般应选用果皮较厚、果肉致密、籽少、干物质含量高（含糖量最好在 3.2% 以上）、抗病性强的品种。不同色泽的品种耐藏性不同，黄色品种一般优于红色品种。耐藏的品种主要有橘黄佳辰、大黄1号、满丝、佛罗里达（太原2号）、苹果青、台湾红、强红等。若要贮藏秋大棚栽培的番茄，应选择特洛皮克、大粉、苏抗5号、历红2号等品种。

根据番茄的成熟度，可将番茄成熟期划分成5个阶段：绿熟期（外部放白，内部稍转红）、微熟期（表面开始转色，顶部微红）、半熟期（半红期）、坚熟期（红而硬）和软熟期（红而软）。鲜食的番茄宜在半熟期至坚熟期采收，此时果实呈现出成熟时应有的色泽、香气和风味，品质较佳，但该期果实已逐渐转向生理衰老，难以较长时间贮藏。绿熟期至微熟期的果实已充分长大，糖、酸等干物质的积累基本完成、生理上处于呼吸跃变初期，此期果实健壮，具有一定的贮藏性和抗病性，在贮藏中能够完成后熟转红过程，达到接近在完全成熟时的色泽及品质，作为长期贮藏的番茄应在这个时期采收，并且是露地栽培生产的果实。

番茄不耐 0℃ 以下的低温，但成熟度不同的番茄，适宜的贮藏条件和贮藏期有所不同，如绿熟番茄比红熟番茄对低温更敏感，前者在低于 10℃ 时，稍长时间贮藏就会发生冷害。番茄属于呼吸跃变型果实，用于长期贮藏的番茄一般选用绿熟果，适宜的温度为 10℃～13℃，温度过低，则易发生冷害，不仅影响质量，而且也缩短了贮藏期限；用于鲜销或短期贮藏的红熟果，其适宜的贮藏温度为 0℃～2℃、相对湿度为 85%～90%、O_2 和 CO_2 浓度均为 2%～5%。

拟贮藏的番茄在采收前 7～10 天，要在田间喷 1 次杀菌剂以防治病害，如用 25% 多菌灵可湿性粉剂 500 倍加乙铝磷可湿性粉剂 250 倍（简称多乙合剂）处理，可显著降低贮藏期间的病害发生率。

乙烯是启动番茄成熟的主要因子，脱除和减低贮藏环境中的乙烯，可延缓绿熟果转红和软化。因此，对于拟较长时间贮藏的番茄，必须采取减低或脱除乙烯的措施。减低乙烯浓度最简单的办法是进行适当的通风。有条件的可以使用乙烯脱除装置，或采用吸收高锰酸钾的载体作乙烯吸收剂。如果番茄在上市前需要催红，方法是将绿熟期的果实在 1000～2000 毫克/千克的乙烯利溶液中浸泡 1 分钟后取出，也可以用喷洒乙烯利溶液的方法，然后盖上塑料膜，保持 22℃～25℃ 的温度，一般经过 3～5 天即开始转红。

（二）贮藏方式

1. 塑料大帐贮藏　目前在番茄贮藏中比较多用，保鲜效果好，保鲜时间长。具体做法是：先将贮藏场所消毒，并降到适宜温度，一般为 10℃ 左右。然后在贮藏场所内，先铺垫底薄膜（一般为聚乙烯塑料薄膜，厚度为 0.12～0.2 毫米），其面积略大于帐顶，上放垫木，为了防止 CO_2 过高，可在垫木间均匀撒放硝石灰，用量为每 1000 千克番茄需硝石灰 15～20 千克。然后将箱装或筐装的番茄码放其上，码成花垛。码好的垛用塑料大帐罩住，大帐的四壁和垫底薄膜的四边分别重叠卷合在一起并埋入垛四周的沟中，或用土、砖等压紧，这样即构成了一个密闭的环境，可以采用自然降氧法或人工降氧法来调节 O_2 和 CO_2 的浓度。为防止帐顶和四壁的凝结水落到果实上，应使密闭帐悬空，不要紧贴菜垛，也可在菜垛顶部和帐顶之间加衬 1 层吸水物。在贮藏过程中，应定期测定帐内的 O_2 和 CO_2 气体含量，当 O_2 低于 2％时，应通风补氧；而当 CO_2 高于 6％时，则要更换一部分硝石灰，以避免因缺氧和高 CO_2 造成番茄伤害。

为防止微生物的生长繁殖，可用仲丁氨进行消毒，按每立方米帐容用 0.05 毫升仲丁氨注射到某一多孔性的载体上，如棉球、卫生纸等，然后将含药载体悬挂于帐内，注意不要将药滴落到果实上，否则会引起药害。也可用氯气每 3～4 天熏蒸 1 次，用药量为帐容的 0.2％。或者用漂白粉消毒，用量为每 1000 千克番茄用漂白粉 0.5 千克，有效期为 10 天。此外，还可在帐内加入一定量的乙烯吸收剂，来延缓番茄在贮藏过程中的后熟。

2. 硅窗气调贮藏　此法采用国产甲基乙烯橡胶制成布基硅橡胶薄膜。硅橡胶薄膜的这种透气性，能使番茄在生理代谢过程中产生的乙烯很快透出帐外，对延缓后熟有较显著的作用。硅窗面积的大小应与贮藏果实的温度高低成正比。在固定容积的贮藏帐内，随着贮藏量的增加或减少，硅窗面积也必须相应扩大或缩小。为了避免频繁增减硅窗面积，应尽可能地保持贮藏环境温度的稳定，实行定量贮藏。硅窗气调法免除了补 O_2 和除 CO_2 的繁琐操作，结合低温贮藏效果更佳。

（三）主要贮藏病害及防治措施

番茄属鲜嫩易腐蔬菜，皮薄，可食部分含水 95％左右，在贮藏中易发生多种微生物病害和生理病害。

1. 微生物病害

（1）软腐病　是在田间感染后，潜伏在果实上，在贮藏期间表现出来的病害。其症状是果实呈水浸状病斑，并迅速扩大到整个果实，果皮变薄，果皮破裂后，汁液呈臭味。此病蔓延很快，危害较大。

（2）晚疫病　该病多发生在绿熟期，在贮藏和后熟期间较多见。主要是叶和土中带菌丝体，而在果实上不形成病菌的孢子，贮藏时果实之间也不会互相传染。其症状是在近果蒂部，有灰绿色的云状斑纹，轮纹不规则，水浸状腐烂。

（3）黑斑病　该病也是绿熟果最易浸染的病害。其症状是果皮上出现的黑褐色病斑上，组织凹陷明显，生有绒毛呈暗褐色的霉菌。

（4）炭疽病　该病主要危害成熟的果实，其症状是表皮呈细小的半透明斑点，逐渐扩大成黑褐色凹陷，呈轮纹状，有红色黏质物，分生孢子可侵入到果肉内部，对果实贮藏危害最大。

微生物病害的防治除减少土壤带菌和采收运贮期间避免果实机械伤外，还应做好消毒防腐工作。常用的消毒防腐措施有：用0.5%漂白粉或0.3%～0.4%福尔马林溶液洗涤，将果实晾干后入贮；每天或隔天通氯气消毒等，这些方法都有较好的杀灭病原菌的效果。

2. 生理病害　番茄的主要生理病害是脐腐病。该病发生在番茄近花柱的一端（即脐部），其症状是病斑呈水浸状，先变为黑褐色，然后腐烂。果实发生脐腐病，主要是由于果实中缺钙所引起的。同时在高温干旱季节，因土壤干燥，水分不足，也易造成脐腐。克服脐腐病的发生，一方面应多施有机肥，增加土壤保水力；另一方面适当施用钙肥（如氧化钙等），增加果实中钙的含量。

二、辣椒

（一）品种与贮藏特性

辣椒原产南美热带地区，喜温暖多湿。辣椒多以嫩绿果供食用，贮藏中除防止失水萎蔫和腐烂外，还要抑制完熟变红。因为辣椒转红时，有明显的呼吸上升趋势，并伴有微量乙烯生成，生理上已进入完熟和衰老阶段。

辣椒贮藏适温因产地、品种及采收季节不同而异。夏椒比秋椒对低温更敏感，冷害发生时间更早。一般辣椒的最佳贮藏温度为 $9℃\sim 11℃$，高于 $12℃$ 果实衰老加快。辣椒贮藏的适宜相对湿度为 $90\%\sim 95\%$，湿度低易萎蔫失重。辣椒贮藏室内易有辛辣气味，要求有较好的通风条件。

改变气体成分对辣椒保鲜，尤其在抑制后熟变红方面有明显效果，通常气体组合为：$O_2 3\%\sim 5\%$ 和 $CO_2 1\%\sim 2\%$ 比较适宜。

（二）贮藏方式

1. 冷藏　在机械冷库中贮藏辣椒，温度管理比较灵活方便。具体做法是：把辣椒放入 $0.03\sim 0.04$ 毫米厚的聚乙烯辣椒保鲜袋内，每袋装 10 千克，有顺序地放入库内的菜架上。也可将保鲜袋装入果箱，折口向上，然后将果箱码起，保持库温为 $8℃\sim 10℃$，相对湿度为 $80\%\sim 95\%$。贮藏期间定期通风，排除不良气体，保持库内空气新鲜。此法可贮藏辣椒 $45\sim 60$ 天，效果良好。

2. 塑料大帐贮藏　低温条件下用塑料大帐封闭贮藏辣椒，效果显著好于普通冷藏，尤其在抑制后熟转红方面，效果明显。因而在冷凉和高寒地区，尤其是在机械冷库中，利用塑料大帐气调贮藏青椒，可以取得更好的效果。气体调节可采用快速充氮降 O_2。自然降 O_2 和透帐法，O_2 浓度控制在 5% 左右，CO_2 浓度控制在 3% 以内。

三、茄子

（一）品种与贮藏特性

按照果实形状，茄子可分为圆茄、长茄和矮茄 3 个变种；按果实的皮色又可分为黑茄、紫茄、白茄和绿茄。一般含水量低、果皮较厚、种子少、肉质致密的深紫色或深绿色的晚熟品种较耐贮藏。圆茄类多为中晚熟品种，耐藏性较好。长茄类品质虽佳，但由于皮薄肉质疏松，一般不耐贮藏。

茄子性喜温暖，不耐寒，为冷敏型蔬菜，在 $5℃\sim 7℃$ 下易发生冷害，但温度过高易衰老。茄子适宜的贮藏温度为 $8℃\sim 10℃$，相对湿度 85%～90%。茄子在贮藏中容易发生的问题是：果柄连同萼片产生湿腐或干腐，蔓延到果实，或与果实脱落；果面出现各种病斑，不断扩大，甚至全果腐烂，主要有褐纹病、晚疫病等；在 5℃～7℃以下会出现冷害，病部出现水渍或脱色的凹陷斑块，内部种子和胎座薄壁组织变褐。

（二）贮藏方式

1. 埋藏　选择地势高燥，排水良好的地方挖沟，沟深 1.2 米、宽 1～1.5 米、长度视贮藏量而定。茄子入贮前选择无机械伤、虫伤、病害的中等大小的健康茄果在阴凉处预贮，待气温下降后入沟。入沟时，将果柄朝下一层层码放，第 2 层的果柄要插入第 1 层的空隙，以防刺伤果实，如此码放 4～5 层，在最上一层盖牛皮纸或杂草，以后随气温下降分层覆土。为防止茄子在沟内热伤，在埋藏茄子时，可每隔 3～4 米竖一通风筒和测温筒，保持沟内适宜温度。如果温度过低，应加厚土层，堵严通风筒；如果温度较高，可打开通风筒。采用这种方法一般可贮藏 40～50 天。

2. 塑料大帐贮藏　茄子采收后装筐，入库码垛，用塑料大帐密封，将 O_2 浓度调至 2%～5%，CO_2 调至 5% 左右，温度控制在 8℃～10℃。茄子脱柄是成熟衰老的一种表现，塑料大帐贮藏能够防止和减少脱柄，主要原因是低 O_2 和高 CO_2 有降低茄子组织产生乙烯、延缓其衰老的作用。

四、菜豆

（一）贮藏特性

菜豆又叫四季豆、豆角等，多食用其嫩荚，较难贮藏。在贮藏中表皮易出现褐斑，俗称锈斑，老化时豆荚外皮变黄，纤维化程度增高，种子膨大硬化，豆荚脱水。

菜豆适宜的贮藏温度为 8℃～10℃。温度过低易发生冷害，出现凹陷斑，有的呈现水渍状病斑，甚至腐烂；高于 10℃时容易老化、腐烂。菜豆贮藏适宜相对湿度为 95% 左右。

菜豆对 CO_2 较为敏感，1%～2%的 CO_2 对锈斑产生有一定的抑制作用，但 CO_2 浓度超过 2%时会使菜豆锈斑增多，甚至发生 CO_2 中毒。

(二) 贮藏方式

1. 土窖贮藏　菜豆入窖后装入荆条筐或塑料筐，为了防止失水，可用塑料薄膜垫在筐底及四周，塑料薄膜应长出筐边，以便装好后能将豆荚盖住。在筐四周的塑料薄膜上打 20～30 个直径为 5 毫米左右的小孔，小孔的分布应均匀，也可以在菜筐中心掏个空洞，或放 1 个通气筒排气，除去过多的水分，以减少豆荚生锈，防止 CO_2 积累。

菜豆入窖初期要注意通风，以调节窖内温度，使窖温控制在 8℃～10℃。通常采用夜间通风降温，白天关闭通风口，贮藏期间定期检查，发现问题及时处理。

2. 简易气调贮藏　在 8℃～10℃的冷库中先将菜豆预冷，待品温与库温基本一致时，用厚度为 0.015 毫米聚氯乙烯塑料袋包装，每袋 5 千克，松扎袋口，留袋口空隙的直径为 1.0～1.5 厘米，将袋子单层摆放在菜架上。也可将预冷的菜豆装入衬有塑料袋的筐或箱内，折口存放。容器堆码时应留间隙，以利通风散热。在贮藏过程中随着菜豆的缓慢呼吸，袋内 O_2 分压逐渐降低，CO_2 分压缓慢上升，因松扎袋口，可防止 CO_2 积累过多，但 O_2 含量却偏高，故不能很好地起到气调保鲜的效果。因此，必须勤观察，随时注意袋内贮藏情况，每隔 7～10 天抽样检查 1 次，发现不良变化及时处理。该方法简单易行，在冷库贮藏中普遍采用。

(三) 主要贮藏病害及防治措施

菜豆灰霉病、炭疽病、绵腐病等是贮藏中常见的病害，为防止贮藏过程中病害的发生和蔓延，除应进行适时的田间防病外，收获时要严格挑选，发现患病的豆荚要仔细剔除。比较有效的防腐方法仍是采用化学保鲜剂处理，通常是按每千克菜豆用 0.1 毫升克霉灵进行熏蒸处理。

五、黄瓜

黄瓜也称胡瓜、王瓜等，一般于花后 10 天左右取嫩瓜鲜食。由于种子发育，黄瓜经常部分膨大呈现"大肚"或"大头"现象，同时瓜柄一端变糠。瓜皮表面瘤刺易受机械损伤，容易被病原菌侵入。所以，黄瓜是一种较难贮藏的果菜。

（一）品种与贮藏特性

黄瓜的耐藏性与瓜皮上的瘤刺有无和多少有一定的关系，一般瘤刺多而大的品种耐藏性较差，少瘤少刺的耐藏性较好；通常表皮厚、果肉丰满、固形物充实的黄瓜较耐贮藏。在常见的栽培品种中津研 4 号、津研 7 号、白涛冬黄瓜、Karie、Kmere、漳州早黄瓜等为较耐藏品种，其中，前两个为有刺、有瘤、有棱类型，适于北方地区选用；后 3 个品种为无瘤、少刺类型，适于南方地区选用。

同一品种中，采收成熟度对其耐藏性有明显的影响。嫩瓜贮藏效果最佳，越大越老的瓜贮藏中越易衰老变黄，不宜用于贮藏，所以，贮藏用黄瓜应比立即上市黄瓜稍嫩些采收。

黄瓜组织脆嫩，含水量高，生理代谢活跃，在常温下黄瓜很快褪绿黄化，果皮变硬，果肉变酸变糠，食用品质大大下降。黄瓜对乙烯极为敏感，自身也有一定量的乙烯释放。如采用适当的气体组合，可有效抑制黄瓜的后熟衰老。

黄瓜适宜的贮藏温度范围很窄，10℃以下易受冷害，15℃以上腐烂和变黄加快。一般贮藏温度应控制在 10℃～13℃，相对湿度在 95% 以上。气调贮藏 O_2 和 CO_2 浓度一般均控制在 2%～5%。

（二）贮藏方式

1. 通风窖或冷库贮藏　在冷库或土窖贮藏中，温度都宜控制在 10℃～13℃，相对湿度在 95% 以上。由于土窖或冷库湿度通常低于黄瓜贮藏要求的高湿条件，所以贮藏中常以塑料薄膜帐或薄膜包装保湿，贮藏 30～50 天，损耗在 10% 左右。

2. 气调贮藏　通常结合 12℃～13℃下薄膜包装贮藏的方式，在帐或袋内放置相当于黄瓜重量 3%～5% 的乙烯吸收剂，防止黄化。贮藏过程中定期检测帐、袋内气体，当 O_2 低于 5% 或 CO_2 高于 5% 时，应开袋及时通风换气。在气调贮藏库中，快速降氧达到 O_2 和 CO_2 浓度均在 2%～5%，辅以其他防腐措施，黄瓜可贮藏 45～60 天，好瓜率在 85% 左右。

（三）主要贮藏病害及防治措施

黄瓜贮藏中引起腐烂的主要浸染性病害有：黄瓜炭疽病、黄瓜灰霉病、黄瓜绵腐病、黄瓜菌核病以及镰刀菌引起的腐烂病和细菌性软腐病等。

1. 黄瓜炭疽病　初期为水渍状小斑点，后病斑扩大呈圆形或椭圆形，凹陷，呈暗褐色至黑色病斑，其上产生红褐色黏质物。该病菌寄生性很强，可直接从表面侵入，并能形成潜伏浸染，虽采收时看不见病害症状，但采收后可大量发病。

2. 黄瓜灰霉病　多从开败的花中侵入，使花和瓜顶部腐烂，进而向下侵入瓜条，使组织变黄、变软并生白霉，以后霉层变成土灰色。

3. 黄瓜绵腐病　发病初期在瓜条上产生水渍状斑，后逐渐扩大使瓜条腐烂，并在表面生有纤细而茂密的绵状白霉。

防治上述病害，首先应避免机械损伤，其次可用药物防治。常用的药剂及方法有：

（1）克霉灵熏蒸　将沾有药液的布条或棉球分散放置于垛、筐缝隙处。对塑料袋小包装黄瓜可先熏再装袋，按瓜重用药量为 0.1 毫升/千克。

（2）次氯酸钙（CHC 制剂）　为非织布和塑料膜双层包装片剂，用时剪开外包装一端，放入菜筐或塑料袋中，按瓜重用药量为 0.01%～0.02%，将帐或袋封起熏蒸。

（3）充氯气消毒　每隔 2～3 天向帐内充氯气 1 次，每次氯气充入量为帐内空气的 0.2%。

(4) 药液涂抹 用 1∶5 的虫胶水溶液加 0.2~0.4 克/升苯莱特托布津或多菌灵制成涂膜液，涂布黄瓜。

六、冬瓜和南瓜

冬瓜和南瓜是重要的瓜类蔬菜，全国各地均有栽培，在蔬菜周年供应中占有重要的地位。冬瓜富含维生素 A、维生素 C 和钙，所含胨化酶能将不溶性蛋白质转变为可溶性蛋白质，便于人体吸收。

南瓜也称番瓜、倭瓜。青熟期的南瓜含有较为丰富的维生素 C 和葡萄糖，老熟期的南瓜胡萝卜素、糖类和淀粉含量比较多。糖尿病人常食南瓜，对病情缓解有显著效果。

（一）品种与贮藏特性

冬瓜有青皮冬瓜、白皮冬瓜和粉皮冬瓜之分。青皮冬瓜的茸毛及白粉均较少，皮厚肉厚，质地较致密，不仅品质好，抗病力也较强，较耐贮藏。粉皮冬瓜是青皮冬瓜和白皮冬瓜的杂交种，早熟质佳，也较耐贮藏。南瓜品种主要有黄狼南瓜、盆盘南瓜、枕头南瓜和长南瓜。黄狼南瓜质嫩且糯，味极甜；盆盘南瓜肉厚而含水量较多；长南瓜品质中等。除枕头南瓜水少、质粗、品质差而不宜贮藏外，其他 3 个品种均耐贮藏。

冬瓜和南瓜贮藏的最适温度为 10℃~13℃，若温度低于 10℃，则会发生冷害。贮藏最适相对湿度为 70%~75%。由于这些贮藏条件在自然条件下很容易实现，因此，常采取窖窑或室内贮藏。

（二）贮藏方式

1. 室内堆藏 室内堆藏是选择阴凉、通风、干燥的房间，把选好的瓜直接堆放在房间里。贮前用高锰酸钾或福尔马林进行消毒处理，然后在堆放的地面铺一层麦秸，再在上面摆放瓜果。瓜摆放时一般要求和田间生长时的状态相同，原来是卧地生长的要平放，原来是搭棚直立生长的要瓜蒂向上直立放。

冬瓜可采取两个一叠"品"字形堆放，这样压力小、通风好、瓜垛稳固。直立生长的瓜柄向上只放1层。南瓜可将瓜蒂朝里、瓜顶向外，按次序堆码成圆形或方形，每堆放15～25个即可，高度以5～6个瓜为宜。也可装筐堆藏，每筐不得装满，离筐口应有1个瓜的距离，以利通风和避免挤压。在堆放时应留出通道，以便检查。

2. 架藏法　架式贮藏中的库房选择、质量挑选、消毒措施、降温防寒及通风等要求与堆藏基本相同。不同的是仓库内用木、竹或角铁搭成分层贮藏架，铺上草帘，将瓜堆放在架上。此法通风散热效果比堆藏法好，检查也比较方便。管理同堆藏法，目前多采用此法。

3. 冷库贮藏　在机械冷库内，可人为地控制冬瓜和南瓜贮藏所要求的温度（10℃～13℃）和湿度（70%～75%）条件，贮藏效果会更好，一般品种的贮藏期可达到半年左右。